四川省产教融合示范项目系列教材

U0169363

人工智能与机器学习实训教程（进阶）

黄德青　秦　娜　唐　鹏　权　伟 ◎ 编著

西南交通大学出版社
·成　都·

图书在版编目（CIP）数据

人工智能与机器学习实训教程. 进阶 / 黄德青等编著. 一成都：西南交通大学出版社，2023.7
四川省产教融合示范项目系列教材
ISBN 978-7-5643-9377-9

Ⅰ. ①人… Ⅱ. ①黄… Ⅲ. ①人工智能 – 教材②机器学习 – 教材 Ⅳ. ①TP18

中国国家版本馆 CIP 数据核字（2023）第 124407 号

四川省产教融合示范项目系列教材

Rengong Zhineng yu Jiqi Xuexi Shixun Jiaocheng（Jinjie）
人工智能与机器学习实训教程（进阶）

黄德青　秦　娜　唐　鹏　权　伟　编著

责任编辑	穆　丰
封面设计	吴　兵

出版发行	西南交通大学出版社
	（四川省成都市金牛区二环路北一段 111 号
	西南交通大学创新大厦 21 楼）
邮政编码	610031
营销部电话	028-87600564　　　028-87600533
网址	http://www.xnjdcbs.com
印刷	四川森林印务有限责任公司

成品尺寸	185 mm × 260 mm
印张	12.25
字数	289 千
版次	2023 年 7 月第 1 版
印次	2023 年 7 月第 1 次
书号	ISBN 978-7-5643-9377-9
定价	45.00 元

课件咨询电话：028-81435775
图书如有印装质量问题　本社负责退换
版权所有　盗版必究　举报电话：028-87600562

2022 年国家科技部、教育部、工信部等部门发布的《关于加快场景创新以人工智能高水平应用促进经济高质量发展的指导意见》中明确提出鼓励在制造、商务、物流、交通等重点行业深入挖掘人工智能技术应用场景，促进智能经济高效发展。高校对于人工智能技术的教育培训是促进人工智能发展的重要组成部分。在当前信息化、智能化建设如火如荼的背景下，许多高校的人工智能专业在本科或研究生培养方案中都设置了 Python 语言、机器学习、深度学习等课程，不少企业也开始注重对人工智能的投入，如百度自动驾驶、华为语音交互等。

当前国内关于人工智能的书籍较多，大多通过一些简单实例来引入和学习深度学习理论，虽然可以让读者很轻松的学习，但很难做到深入理解和熟练运用。此外，部分教材缺少相应的练习来加深对所学模式的理解和掌握，有的书中虽有一些练习，但数量不多且针对性不强。本书凝练了西南交通大学电气工程学院关于人工智能大量的研究工作，通过对热点 AI 项目复现，轨道交通实际项目等课程，让学生更好地感受神经网络的特性，了解卷积层、全连接层以及各类激活函的特点等原本很抽象、较难理解的思想和概念。

本书内容主要划分为以下五个部分：第一部分包含第一章和第二章，对深度学习背景及基础进行介绍，主要包括深度学习常见领域、通用优化方法以及相关软件工具、环境配置。第二部分包含第三章，主要对典型深度学习网络进行介绍。第三部分包含第四、第五、第六、第七章，主要是对热门 AI 项目进行复现的实训教程。第四部分包含第八、第九、第十章，主要介绍了近些年电气工程学院典型研究成果。第五部分包含第十一章、第十二章，旨在介绍轨道交通智能化过程中实际问题，引导学生利用所学知识开展面轨道交通智能化项目实战。

本书涉及研究得到众多合作单位和科研机构支持，其中特别感谢广州运达智能科技有限公司"地铁列车外观故障检测技术"项目和成都运达创新电气有限公司"列车智能巡检机器系统研究与应用"项目以及四川省产教融合示范项目"交大-九州电子信息装备产教融合示范"。本书编撰过程中参考引用了大量业内工作者的成果，如国防科技大学的 Bubbliiiig

的模型解析、深度卷积网络提出者 Simonyan K、LFW 数据集提供者美国马里兰大学、谷歌 Tensorflow 团队、Facebook 的 Pytorch 团队等。此外，许多电气工程学院研究生参与本书部分章节的文章录入以及修改工作，谨向他们表示衷心的感谢！

由于编者水平有限，书中难免存在一些疏漏之处，殷切希望广大读者批评指正。

扫码获取书稿项目源代码

编　者
2022 年 10 月

第一部分 深度学习基础、环境配置介绍

第二部分 深度学习网络介绍

第三部分 热门 AI 项目复现

第四部分　轨道交通智能化典型工程案例

第五部分 轨道交通智能化实战项目

第一部分

深度学习基础、环境配置介绍

1 深度学习背景及基础知识

随着传感器技术、存储技术、计算机技术和网络技术的迅猛发展以及人类管理与知识水平的不断提高，数据量与日俱增，信息技术发展的瓶颈已不仅仅存在于数据的获取、存储与传输，更受限于数据的加工、分析和利用。采用有效的人工智能技术从大数据中获取抽象信息并将其转换为有用的知识，是当前大数据分析所面临的核心问题之一。大数据时代，如何对纷繁复杂的数据进行有效分析，让其价值得以体现和合理的利用，是当前迫切需要思考和解决的问题。近期兴起的深度学习（Deep Learning，DL）方法正是开启这扇大门的一把钥匙。深度学习是新兴的机器学习研究领域，旨在研究如何从数据中自动地提取多层特征表示，其核心思想是通过数据驱动的方式，采用一系列的非线性变换，从原始数据中提取由低层到高层、由具体到抽象、由一般到特定语义的特征。深度学习不仅改变着传统的机器学习方法，也影响着我们对人类感知的理解，迄今已在语音识别、图像理解、自然语言处理、视频推荐等应用领域引发了突破性的变革。

深度学习技术的发展日新月异，但国内基于深度学习的相关研究仍处于起步阶段，缺少系统地针对深度学习各方面的介绍，与当前基于深度学习的综述性文章相比，本书系统地从研究背景、应用领域、算法模型、优化方法、软件工具、硬件加速和总结展望等若干层次对当前深度学习的相关研究进行综述，为进一步深入研究深度学习理论和拓展其应用范围奠定了基础。

1.1 深度学习相关应用领域

1.1.1 图像识别

物体检测和图像分类是图像识别的两个核心问题，前者主要定位图像中特定物体出现的区域并判定其类别，后者则对图像整体的语义内容进行类别判定。Yang 等人提出的算法是传统图像识别算法中的代表，是在 2009 年提出的采用稀疏编码来表征图像，通过大规模数据来训练支持向量机（SVM）进行图像分类[1]，该方法在 2010 年和 2011 年的 ImageNet 大规模视觉识别挑战赛中取得了最好成绩。图像识别是深度学习最早尝试的应用领域，早在 1989 年，LeCun 等人发表了关于卷积神经网络的相关工作，在手写数字识别任务上取得了当时最好的结果，并广泛应用于各大银行支票的手写数字识别任务中。百度在 2012 年将深度学习技术成功应用于自然图像 OCR 识别和人脸识别等问题上，并推出相应的移动搜索产品和桌面应用。从 2012 年的 ImageNet 挑战赛开始，深度学习在图像识别领域发挥出巨大威力，在通用图像分类、图像检测、光学字符识别（Optical Character Recognition，OCR）、人脸识别等领域，最好的系统都是基于深度学习开发的。图 1-1 所示为 2010—2016 年 ImageNet 竞赛中系统的识别错误率变化趋势以及与人的对比。图中，2012 年是深度学习技术第一次被应用到 ImageNet 竞赛中，可以看出相对于 2011 年的传统方法，其降幅达到了 41.1%，且 2015 年基于深度学习技术的图像识别错误率已经低于人类，2016 年最新的 ImageNet 识别错误率已经达到 2.991%。

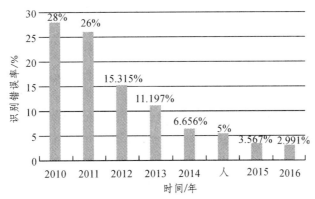

图 1-1　2010—2016 年 ImageNet 竞赛的识别错误率变化趋势以及与人的对比

1.1.2　语音识别

长久以来，实现人与机器交谈一直是人机交互领域内的一个梦想，而语音识别是其基本技术之一。语音识别（Automatic Speech Recognition，ASR）是指能够让计算机自动地识别语音中所携带信息的技术。语音是人类实现信息交互最直接、最便捷、最自然的方式之一，自人工智能（Artificial Intelligence，AI）的概念出现以来，让计算机甚至机器人像自然人一样实现语音交互一直是 AI 领域研究者的梦想。

最近几年，深度学习理论在语音识别和图像识别领域取得了令人振奋的进步，迅速成为当下学术界和产业界的研究热点，为处在瓶颈期的语音等模式识别领域提供了一个强有力的工具。在语音识别领域，深度神经网络（Deep Neural Network，DNN）模型给处在瓶颈阶段的传统 GMM-HMM 模型带来了巨大的革新，使得语音识别的准确率又上了一个新的台阶[2]。目前国内外知名互联网企业（谷歌、科大讯飞及百度等）的语音识别算法采用的都是 DNN 方法。2012 年 11 月，微软在中国天津的一次活动上公开演示了一个全自动的同声传译系统，讲演者用英文演讲，后台的计算机一气呵成地自动实现语音识别、英中机器翻译和中文语音合成功能，效果良好，其后台支撑的关键技术就是深度学习。近期，百度将 Deep CNN 应用于语音识别研究，使用了 VGGNet 以及包含 residual（残差）连接的深层卷积神经网络（Convolutional Neural Network，CNN）等结构，并将长短期记忆网络（Long Short-Term Memory，LSTM）和 CTC 的端到端语音识别技术相结合，使得识别错误率相对下降了 10% 以上。2016 年 9 月，微软的研究者在产业标准 Switchboard 语音识别任务上，取得了产业中最低的词错率，为 6.3%。国内科大讯飞提出的前馈型序列记忆网络

（Feed-forward Sequential Memory Network，FSMN）语音识别系统，使用大量的卷积层直接对整句语音信号进行建模，更好地表达了语音的长时相关性，其效果比学术界和工业界最好的双向 RNN（Recurrent Neural Network，循环神经网络）语音识别系统识别率至少提升了 15%。由此可见，深度学习技术对语言识别率的提高有着不可忽略的贡献。

1.1.3 自然语言处理

自然语言处理（Natural Language Processing，NLP)也是深度学习的一个重要应用领域，经过几十年的发展，基于统计的模型已成为 NLP 的主流，同时人工神经网络在 NLP 领域也受到了理论界的足够重视。加拿大蒙特利尔大学教授 Bengio 等人在 2003 年提出用 embedding（嵌入）的方法将词映射到一个矢量表示空间，然后用非线性神经网络来表示 N-gram 模型[3]。世界上最早的深度学习用于 NLP 的研究工作诞生于 NEC Labs American（NEC 美国研究院），其研究员 Collobert 等人从 2008 年开始采用 embedding 和多层一维卷积的结构，用于词性标注、分块、命名实体识别、语义角色标注等四个典型 NLP 问题[4]。值得注意的是，他们将同一个模型用于不同的任务，都取得了与现有技术水平相当的准确率。Mikolov 等人通过对 Bengio 等人提出的神经网络语言模型的进一步研究发现，通过添加隐藏层的多次递归，可以提高语言模型的性能[5]。语音识别任务中，其在提高后续词预测准确率及总体识别错误率方面都超越了当时最好的基准系统，Schwenk 等人将类似的模型用在统计机器翻译任务中，采用 BLEU（Bilingual Evaluation Understudy，双语替换评测）评分机制评判，提高了近两个百分点[6]。此外，基于深度学习模型的特征学习还在语义消歧、情感分析等自然语言处理任务中均超越了当时最优系统，取得了优异表现。

1.2 深度学习种类

1.2.1 自动编/解码机

自动编/解码机（网络）可看作是传统的多层感知器的变种。其基本想法是将输入信号经过多层神经网络后重构原始的输入，通过非监督学习的方式挖掘输入信号的潜在结构，将中间层的响应作为潜在的特征表示，其基本结构如图 1-2 所示。

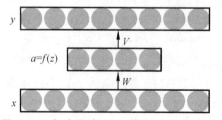

图 1-2　自动编/解码机模型结构示意图

自动编/解码机由将输入信号映射到低维空间的编码机和用隐含特征重构初始输入的解码机构成。假设输入信号为 x，编码层首先将其线性映射为 z，然后再施加某种非线性变换，这一过程可以形式化为

$$a = f(z) = f(Wx + b) \tag{1.1}$$

式中，$f(\cdot)$ 为某种非线性函数，常用的有 sigmoid 函数 $f(z) = 1/(1+\exp(-z))$ 和修正线性单元（Rectified Linear Unit，ReLu）函数 $f(z) = \max(0,z)$，也称为激活函数。解码层通过相似的操作，将隐含特征 a 映射回输入空间，得到重构的信号 $\hat{x}$。自动编码机的参数即为每一层的连接权重和偏置。网络训练时的优化目标为最小化重构信号与输入信号之间的均方差，即

$$\min \sum_i (\hat{x}_i - x_i)^2 \tag{1.2}$$

自动编码机可以通过级联和逐层训练的方式组成深层的结构，其中只需要将前一层中隐含层的输出作为当前层的输入。深度模型通过逐层优化的方式训练后，还可以通过让整个网络重构输入信号的原则进行精调。在实际的系统中，还经常将编码机和解码机的权重进行耦合，即令 $V = W_T$，使得编/解码的过程完全相似。在自动编码机的框架下，很多研究者通过引入正则约束的方式开发了很多变种模型。一些研究者将稀疏表示的思想引入，提出了稀疏自动编/解码机，其中通过 L_1（L_1 正则化，也称 Lasso 正则化）惩罚或者鼓励输出信号的平均值与一个平均值很小的高斯分布近似来实现。为了增强自动编码机的泛化性，Vincent 等人[7]提出了降噪自动编码机，他们在训练之前给训练样本加入人工制造的噪声干扰，使得网络可以从有噪声的信号中重构原始的干净输入。与之非常相似的是 Rifai 等人[8]提出的收缩自动编码机，通过引入一个收缩惩罚项来增强模型的泛化性能，同时降低过拟合的影响。

1.2.2 受限玻尔兹曼机

玻尔兹曼机（Boltzmann Machine，BM）是一种随机的递归神经网络，由 Hinton 等人提出，是能通过学习数据固有内在表示、解决复杂学习问题最早的人工神经网络之一，受限玻尔兹曼机（Restricted Boltzmann Machine，RBM）是玻尔兹曼机的扩展，由于去掉了玻尔兹曼机同层之间的连接，所以大大提高了学习效率。如图 1-3 所示，RBM 是一个双向图模型，由可视层 $v \in 0,1^{Nv}$ 和隐含层 $h \in 0,1^{Nh}$ 组成。

可视层和隐含层之间的联合概率分布定义为

$$P(v,h) = \frac{1}{z} e^{v^T Wh + v^T b_v + h^T b_h} \tag{1.3}$$

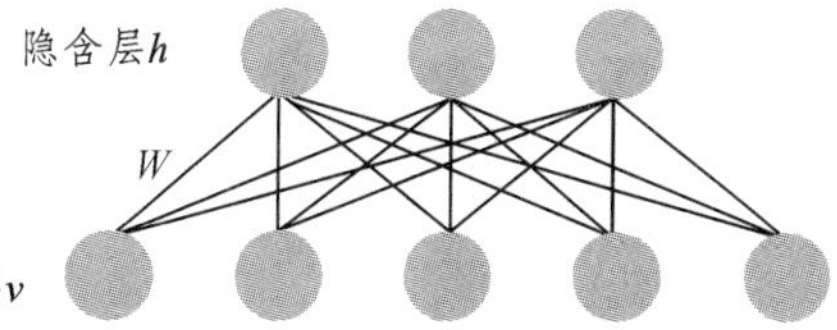

图 1-3 受限制玻尔兹曼机

5

其中：Z 为归一化函数；$W \in R^{N_v \times N_h}$ 表示可视层和隐含层之间的连接权重；$b_v = R^{N_v}$，$b_h \in R^{H_h}$ 是偏置项。此模型的优化目标和一般的概率图模型一样，都是基于最大似然估计，也即最小化训练数据的似然概率的负对数：

$$E(p, h) = -\log P(v, h) \tag{1.4}$$

如果用传统的基于 Gibbs 采样的方法求解，则迭代次数较多、效率很低，为了克服这一问题，Hinton[9]提出了一种称为对比分歧（Contrastive Divergence，CD）的快速算法。与稀疏编码等模型相比，RBM 模型具有一个非常好的优点，即它的推断很快，只需要一个简单的前向编码操作，即 $h = \mathrm{sigmoid}(W_v + b_h)$。一些研究者在 RBM 基础上提出了很多扩展模型，一些拓展模型修改了 RBM 的结构和概率分布模型，使得它能模拟更加复杂的概率分布，如 mean-covariance RBM（均值方差受限玻尔兹曼机）、spike-slab RBM（离散连续受限玻尔兹曼机）和门限 RBM，这些模型中通常都定义了一个更加复杂的能量函数，学习和推断的效率因此会有所下降。

通过级联多个单层的 RBM 模型可构成深层的结构，即将前一层的隐含层作为当前层的可视层，网络的优化采用逐层优化的方式。有研究将多层的有向 sigmoid 置信网络与 RBM 级联，构造了一个深度信念网络（Deep Belief Network，DBN）；有的研究则将 RBM 模型直接级联成多层结构，提出了深度玻尔兹曼机网络；Lee 等人用卷积操作对 DBN 进行扩展，使得模型可以直接从原始的二维图像中学习潜在的特征表示。除了基于 RBM 的深度结构外，还有其他一些层级生成式模型；Yu 等人提出深度稀疏编码模型，用于学习图像像素块的潜在结构特征；Zeilier 等人通过级联多个卷积稀疏编码和最大值池化层，构建了深度反卷积网络，可以直接从全局图像中学习从底层到高层的层级结构特征。

1.2.3 深度神经网络

神经网络技术起源于 20 世纪 50 年代，当时叫作感知机，是最早被设计并实现的人工神经网络，是一种二分类的线性分类模型，主要用于线性分类且分类能力十分有限。输入的特征向量通过隐含层变换达到输出层，在输出层得到分类结果。早期感知机的推动者是 Rosenblatt，但是单层感知机遇到一个严重的问题，即它对稍复杂一些的函数都无能为力（如最为典型的异或操作）。随着数学理论的发展，这个缺点直到 20 世纪 80 年代才被 Rumelhart、Williams、Hinton、LeCun 等人[10]发明的多层感知机（Multilayer Perceptron，MLP）克服。多层感知机可以摆脱早期离散传输函数的束缚，使用 sigmoid 或 tanh 等连续函数模拟神经元对激励的响应，在训练算法上则使用 Werbos 发明的反向传播 BP 算法。

图 1-4 所示为全连接深度神经网络结构示意图，通过增加隐含层的数量及相应的节点数，可以形成深度神经网络。深度神经网络一般指全连接的神经网络，该类神经网络模型常用于图像及语言识别等领域，在图像识别领域由于其将图像数据变成一维数据进行处理，忽略

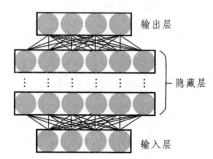

图 1-4　全连接深度神经网络结构

了图像的空间几何关系，所以其在图像识别领域的识别率不及卷积神经网络，且由于相邻层之间为全连接，其要训练的参数规模巨大，所以巨大的参数量也进一步限制了全连接神经网络模型结构的深度和广度。

1.2.4 卷积神经网络

近几年，卷积神经网络在大规模图像特征表示和分类中取得了很大的成功。标志性事件是在 2012 年的 ImageNet 大规模视觉识别挑战竞赛中，Krizhevsky 实现的深度卷积神经网络模型将图像分类的错误率降低了近 50%。2016 年 3 月著名的围棋人机大战中以 4∶1 大比分优势战胜李世石的 AlphaGo 人工智能围棋程序就采用了 CNN+蒙特卡洛搜索树算法。卷积神经网络最早是由 LeCun 等人在 1998 年提出[11]，用于手写字符图像的识别，其网络结构如图 1-5 所示。

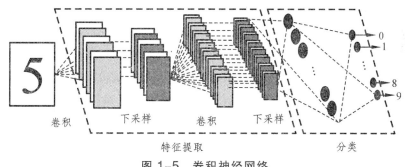

图 1-5　卷积神经网络

该网络的输入为原始二维图像，经过若干卷积层和全连接层后，输出图像在各类别下的预测概率。每个卷积层包含卷积、非线性激活函数和最大值池化三种运算。在卷积神经网络中，需要学习一组二维滤波模板 $F = f_1, \cdots, f_{N_k}$，与输入特征图 x 进行卷积操作，得到 N_k 个二维特征图 $z_k = f_k * x$。采用卷积运算的好处有如下几点：

（1）二维卷积模板可以更好地挖掘相邻像素之间的局部关系和图像的二维结构。

（2）与一般神经网络中的全连接结构相比，卷积网络通过权重共享极大地减少了网络的参数量，使得训练大规模网络变得可行。

（3）卷积操作对图像上的平移、旋转和尺度等变换具有一定的鲁棒性。

得到卷积响应特征图后，通常需要经过一个非线性激活函数来得到激活响应图，如 sigmoid、tanh 和 ReLu 等函数。紧接着，在激活函数响应图上施加一个最大值池化（Max Pooling）或者平均值池化（Average Pooling）运算。在这一操作中，首先用均匀的网格将特征图划分为若干个空间区域，这些区域可以有重叠部分，然后取每个图像区域的平均值或最大值作为输出。此外在最大值池化中，通常还需要记录所输出最大值的位置。已有研究工作证明了最大值池化操作在图像特征提取中的性能优于平均值池化，因而近些年研究者基本都采用了最大值池化。池化操作主要有如下两个优点：

（1）增强了网络对伸缩、平移、旋转等图像变换的鲁棒性。

（2）使得高层网络可以在更大尺度下学习图像的更高层结构，同时降低了网络参数，使得大规模的网络训练变得可行。

由于卷积神经网络的参数量较大，很容易发生过拟合，影响最终的测试性能。研究者为克服这一问题提出了很多改进的方法。Hinton 等人[12]提出了称为"dropout"的优化技术，通过在每次训练迭代中随机忽略一半的特征点来防止过拟合，取得了一定的效果；Wan 等人[13]进一步扩展了这一想法，在全连接层的训练中，将每一次迭代时从网络的连接权重中随机挑选的一个子集置为 0，使得每次网络更新针对不一样的网络结构，进一步提升了模型的泛化性。此外还有一些简单有效的工程技巧，如动量法、权重衰变和数据增强等。

1.2.5　循环神经网络

在全连接的 DNN 和 CNN 中，每层神经元的信号只能向上一层传播，样本的处理在各个时刻相互独立，因此该类神经网络无法对时间序列上的变化进行建模，如样本出现的时间顺序对于自然语言处理、语音识别、手写体识别等应用非常重要。为了适应这种需求，就出现了另一种神经网络结构——循环神经网络（RNN）。RNN 中神经元的输出可以在下一个时间戳直接作用到自身，即第 i 层神经元在 t 时刻的输入，除了 $i-1$ 层神经元在 $t-1$ 时刻的输出外，还包括其自身在 t 时刻的输入。如图 1-6 所示，$t+1$ 时刻网络的最终结果 O_{t-1} 是该时刻输入和所有历史共同作用的结果，这就达到了对时间序列建模的目的。

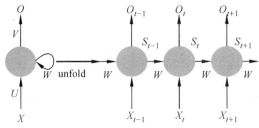

图 1-6　RNN 在时间上进行展开

为了适应不同的应用需求，RNN 模型出现了不同的变种，主要包括以下几种：

1. 长短期记忆模型（LSTM）

该模型通常比 vanilla RNN（标准 RNN）能够更好地对长短时依赖进行表达，主要为了解决通过时间的反向传播（Backpropagation Through Time，BPTT）算法无法解决长时依赖的问题，因为 BPTT 会带来梯度消失或梯度爆炸问题。传统的 RNN 虽然被设计成可以处理整个时间序列信息，但其记忆最深的还是最后输入的一些信号，而受之前的信号影响的强度越来越低，最后可能只起到一点辅助作用，即 RNN 输出的还是最后的一些信号，这样的缺陷使得 RNN 难以处理长时依赖的问题；而 LSTM 就是专门为解决长时依赖而设计的，不需要特别复杂地调试超参数，默认就可以记住长期的信息，其不足之处是模型结构较 RNN 复杂。LSTM 单元一般包括输入门、遗忘门、输出门。"门"的结构就是一个使用 sigmoid 神经网络和一个按位做乘法的操作，sigmoid 激活函数可以使得神经网络输出一个

$0 \sim 1$ 的数值，该值描述了当前输入有多少信息量可以通过这个结构，类似一个门的功能：当门打开时，sigmoid 神经网络的输出为 1，全部信息都可以通过；当门关上时，sigmoid 神经网络层输出为 0，任何信息都无法通过。遗忘门的作用是让循环神经网络"忘记"之前没有用的信息；输入门的作用是在循环神经网络"忘记"部分之前的状态后，还需要从当前的输入补充最新的记忆；输出门则会根据最新的状态 C_t、上一时刻的输出 h_{t-1} 和当前的输入 x_t 来决定该时刻的输出 h_t，如图 1-7 所示。LSTM 结构可以更加有效地决定哪些信息应该被遗忘，哪些信息应该得到保留，因此成为当前语音识别、机器翻译、文本标注等领域常用的神经网络模型。

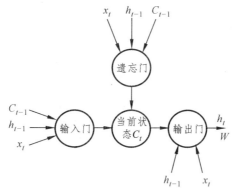

图 1-7　LSTM 单元结构示意图

2. SimplesRNN（SRN）

SRN（简单循环神经网络）是 RNN 的一种特例，它是一个三层网络，并且在隐藏层增加了上下文单元，如图 1-8 所示。图中的 y 便是隐藏层，u 是上下文单元。上下文节点与隐藏层节点一一对应，且值是确定的。在每一步中，使用标准的前向反馈进行传播，然后使用学习算法进行学习。上下文每一个节点保存其连接的隐藏层节点的上一步输出，即保存上文，并作用于当前步对应的隐藏层节点的状态，即隐藏层的输入是由输入层的输出与上一步自己的状态所决定的。因此 SRN 能够解决标准的多层感知机无法解决的对序列数据进行预测的任务。

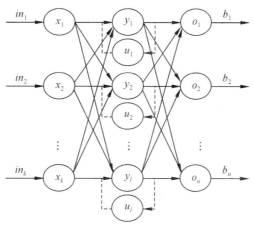

图 1-8　SRN 网络结构

3. BidirectionalRNN

BRNN（双向循环神经网络）模型是一个相对简单的 RNN，如图 1-9 所示。它由两个 RNN 上下叠加在一起组成，其输出由这两个 RNN 的隐藏层状态决定。双向 RNN 模型可以用来根据上下文预测一个语句中缺失的词语，即当前的输出不仅与前面的序列有关，并且还与后面的序列有关。

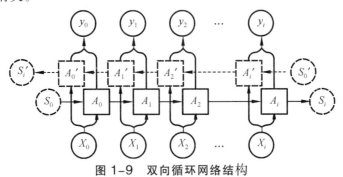

图 1-9　双向循环网络结构

此外，针对不同的应用需求还出现了一些包括深度 RNN 模型（Deep RNN）、回声状态网络（Echo State Networks）、门控 RNN 模型（Gated Recurrent Unit，GRU）、时钟频率驱动的 RNN（Clockwork RNN）模型等。

1.2.6　多模型融合的神经网络

除了单个的神经网络模型，还出现了不同神经网络模型组合的神经网络，如 CNN 和 RBM、CNN 和 RNN 等，旨在通过将各个网络模型的优势组合起来以达到最优的效果。有的研究将 CNN 与 RNN 相结合用于对图像描述的自动生成，使得该组合模型能够根据图像的特征生成文字描述或者根据文字产生相应内容的图片。随着深度学习技术的发展，相信会有越来越多性能优异的神经网络模型出现在大众的视野，如近期火热的生成对抗网络（Generative Adversarial Networks，GAN）及相应变种模型为无监督学习的研究开启了新的一扇门窗。

1.3　基于深度学习的优化方法

随着神经网络模型层数越来越深，节点个数越来越多，需要训练的数据集越来越大，模型的复杂度也越来越高，因此在模型的实际训练中单 CPU 或单 GPU 的加速方案存在着严重的性能不足，一般需要十几天的时间才能使得模型的训练得到收敛，已远远不能满足训练大规模神经网络、开展更多实验的需求。多 CPU（中央处理器）或多 GPU（图形处理单元）的加速方案成为训练大规模神经网络模型的首选。但是由于在图像识别或语言识别类应用中，深度神经网络模型的计算量十分巨大，且模型层与层之间存在一定的数据相关性，所以如何划分任务量以及计算资源是设计 CPU 或 GPU 集群加速框架的一个重要问题。本章主要介绍两种常用的基于 CPU 集群或 GPU 集群的大规模神经网络模型训练的常用并行方案。

1.3.1 数据并行

当训练的模型规模比较大时，可以通过数据并行的方法来加速模型的训练，数据并行可以对训练数据做切分，同时采用多个模型实例对多个分块的数据同时进行训练。数据并行的大致框架如图 1-10 所示。在训练过程中，由于数据并行需要进行训练参数的交换，通常需要一个参数服务器，多个训练过程相互独立，每个训练的结果，即模型的变化量 ΔW 需要提交给参数服务器，参数服务器负责更新最新的模型参数：$W' = W - \eta \times \Delta W$，之后再将最新的模型参数 W' 广播至每个训练过程，以便各个训练过程可以从同一起点开始训练。在数据并行的实现中，由于是采用同样的模型、不同的数据进行训练，影响模型性能的瓶颈在于多 CPU 或多 GPU 间的参数交换。根据参数更新公式可知，需要将所有模型计算出的参数提交到参数服务器并更新到相应参数上，所以数据片的划分以及与参数服务器的带宽可能会成为限制数据并行效率的瓶颈。

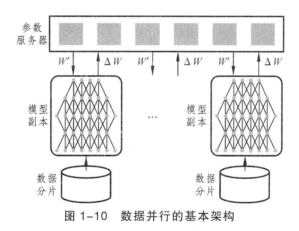

图 1-10 数据并行的基本架构

1.3.2 模型并行

除了数据并行，还可以采用模型并行的方式来加速模型的训练。模型并行是指将大的模型拆分成几个分片，由若干个训练单元分别持有，各个训练单元相互协作共同完成大模型的训练。模型并行的基本框架如图 1-11 所示。

一般来说，模型并行带来的通信和同步开销多于数据并行，因此其加速比不及数据并行，但对于单机内存无法容纳的大模型来说，模型并行也是一个很好的方法，2012 年 ImageNet 大规模视觉识别挑战赛冠军模型 AxleNet 就是采用两块 GPU 卡进行模型并行训练。

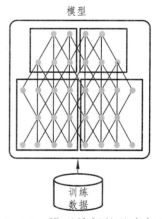

图 1-11 模型并行的基本架构

1.4 深度学习常用软件工具及平台

1.4.1 常用软件工具

当前基于深度学习的软件工具有很多，由于每种软件工具针对的侧重点以及需求的不同，如图像处理、自然语言处理或是金融领域等，需要根据项目的特征采用合适的深度学习架构。下面介绍目前常用的深度学习软件工具。

1. TensorFlow

它由 Google（谷歌）基于 DistBelief 进行研发的第二代人工智能系统。该平台吸取了已有平台的长处，既能让用户触碰底层数据，又具有现成的神经网络模块，可以使用户非常快速地实现建模，是一个非常优秀的跨界平台。该软件库采用数据流图模式实现数值计算，流图中的节点表示数学运算，边表示数据阵列，基于该软件库开发的平台架构灵活，代码一次开发无须修改即可在单机、可移动设备或服务器等设备上兼容运行，同时可支持多 GPU/CPU 并行训练。

2. Keras

以 Keras 为主的深度学习抽象化平台本身不具有底层运算协调能力，而是依托于 TensorFlow 或 Theano 进行底层运算，Keras 提供神经网络模块抽象化和训练中的流程优化，可以让用户在快速建模的同时，具有很方便的二次开发能力，加入自己喜欢的模块。

3. 以 Caffe、Torch、MXNet、CNTK 为主的深度学习功能性平台

该类平台提供了完备的基本模块，支持快速神经网络模型的创建和训练。不足之处是用户很难接触到这些底层运算模块。

4. Theano

它是深度学习领域最早的软件平台，专注于底层基本运算。该平台有以下几个特点：

（1）集成 Numpy（Numerical Python）的基于 Python 实现的科学计算包，可以与稀疏矩阵运算包 SciPy 配合使用，全面兼容 Numpy 库函数。

（2）易于使用 GPU 进行加速，具有比 CPU 实现相对较大的加速比。

（3）具有优异可靠性和速度优势。

（4）可支持动态 C 程序生成。

（5）拥有测试和自检单元，可方便检测和诊断多类型错误。

表 1-1 所示为当前常用的几种软件平台，可见基于深度学习的软件工具有很多，相应的编程语言也有很多，相信在未来，更新的、效率更好的编程语言或平台还会不断出现。

表 1-1　当前常用的几种深度学习平台

平台	底层语言	操作语言
TensorFlow	C++，Python	C++，Python
Keras	Python	Python
Caffe	C++	C++，MATLAB，Python
Torch	C，Lua	Lua，C++
MXNet	C++，Python 等	C++，Python，Julia，Scala
CNTK	C++	C++，Python
Theano	Python，C	Python

1.4.2　工业界平台

随着深度学习技术的兴起，不仅在学术界，互联行业如 Google（谷歌）、Facebook（脸谱网）、百度、腾讯等科技类公司都实现了自己的软件平台，主要有以下几种：

（1）DistBelief 是由 Google 用 CPU 集群实现的数据并行和模型并行框架，该集群可使用上万 CPU Core（CPU 内核）训练多达 10 亿个参数的深度网络模型，可用于语音识别和 2.1 万种类目的图像分类。此外 Google 还采用了由 GPU 实现的 COTS HPC 系统，其也是一个模型并行和数据并行的框架，由于采用了众核 GPU，该系统可以用 3 台 GPU 服务器在数天内完成对 10 亿参数的深度神经网络训练。

（2）Facebook 实现了多 GPU 训练深度卷积神经网络的并行框架，结合数据并行和模型并行的方式来训练卷积神经网络模型，使用 4 张 NVIDIA TITAN GPU 可在数天内训练 ImageNet 图像库 1000 个分类的网络。

（3）Paddle（Parallel Asynchonous Distributed Deep Learning，并行异步分布式深度学习）是由国内的百度公司搭建的多机 GPU 训练平台，其将数据放置于不同的机器，通过参数服务器协调各机器的训练，Paddle 平台也可以支持数据并行和模型并行。

（4）腾讯为加速深度学习模型训练也开发了并行化平台 Mariana，其包含深度神经网络训练的多 GPU 数据并行框架，深度卷积神经网络的多 GPU 模型并行和数据并行框架，以及深度神经网络的 CPU 集群框架。该平台基于特定应用的训练场景，设计定制化的并行训练平台，用于语音识别、图像识别以及在广告推荐中的应用。

通过对以上几种工业界平台的介绍可以发现，不管是基于 CPU 集群的 DistBelief 平台，还是基于多 GPU 的 Paddle 或 Mariana 平台，针对大规模神经网络模型的训练基本上都是采用基于模型的并行方案或基于数据的并行方案，或同时采用两种的并行方案。由于神经网络模型在前向传播及反向传播计算过程存在一定的数据相关性，当前其在大规模 CPU 集群或者 GPU 集群上训练的方法并不多。

1.5 深度学习相关加速技术

近年来，随着深度神经网络模型层数的增加，与之相对应的权重参数成倍地增长，从而对硬件的计算能力有着越来越高的需求，尤其在数据训练的阶段。因此，针对深度学习处理器的研究再次在工业界和学术界中崛起。目前针对数据训练阶段，被业内广泛接受的是 CPU+GPU 的异构模式和 MIC（Many Integrated Core，众核）同构来实现高性能计算。而针对数据推断阶段，则较多地依赖于 CPU+FPGA 或 ASIC。

1.5.1 CPU 加速技术

由于常用 CPU 的并行度低，本身的计算能力也有限，现在网络算法常用的方式是进行分布式计算，通过集合多个 CPU 从而提升计算的并行度。CPU 作为传统的计算单元，一开始就作为深度学习的计算平台，但是由于深度学习的超大规模计算量以及高度的并行性，使得 CPU 越来越难以适应深度学习的计算需求，只能通过多核 CPU 或者 CPU 集群进行深度学习算法的加速。2012 年 6 月，纽约时报披露了 Google Brain（谷歌大脑）项目，该项目由著名的斯坦福大学机器学习教授 Ng 和在大规模计算机系统方面的世界顶尖专家 JeffDean 共同主导，用 1.6 万个 CPU core 的并行计算平台训练一种称为深度神经网络的机器学习模型（内部约有 10 亿个节点），该训练过程进行了七天才完成猫脸识别任务，因此并行能力的缺乏是限制 CPU 加速深度学习应用的主要因素。当前基于 CPU 的多是异构平台，如 CPU+GPU 或 CPU+FPGA 的异构加速平台，复杂控制及串行部分由 CPU 执行，并行部分由 GPU 或 FPGA 执行。

1.5.2 GPU 加速技术

对于深度学习来说，目前硬件加速主要依靠图形处理单元（GPU）。相比传统的 CPU，GPU 的核心计算能力要多出几个数量级，也更容易进行并行计算。尤其是 NVIDIA（英伟达）通用并行计算框架（Compute Unified Device Architecture，CUDA），作为最主流的 GPU 编写平台，各主要的深度学习工具均用其来进行加速，大幅缩短模型的运算时间。随着 NVIDIA、AMD（美国超威半导体公司）等公司不断推进其 GPU 的大规模并行架构支持，面向通用计算的 GPU（General-Purposed GPU，GPGPU）已成为加速并行应用程序的重要手段。得益于 GPU 众核体系结构，程序在 GPU 系统上的运行速度相较于单核 CPU 往往提升几十倍乃至上千倍。目前 GPU 已经发展到了较为成熟的阶段，利用 GPU 来训练深度神经网络，可以充分发挥其数以千计计算核心的高效并行计算能力，在使用海量训练数据的场景下，所耗费的时间大幅缩短，占用的服务器也更少。如果针对适当的深度神经网络进行合理优化，一块 GPU 卡可相当于数十甚至上百台 CPU 服务器的计算能力，因此 GPU 已经成为业界在深度学习模型训练方面的首选解决方案。

1.5.3 FPGA 加速技术

作为 GPU 在算法加速上强有力的竞争者,现场可编程逻辑门阵列(Field Programmable Gate Array,FPGA)近年来受到了越来越多的关注。FPGA 作为深度学习加速器具有以下几点优势:

1. 可重构

FPGA 芯片可以被重复编程,用户可以针对不同应用的计算特征定制阵列结构、计算单元、数据并行策略和存储结构。因此,FPGA 能够灵活地适应高性能计算领域的不同计算应用、算法以及模型,实现快速更新、升级以及调试。此外,新一代的 FPGA 芯片还具有动态可重构的能力,可以在系统不掉电和不干扰当前任务的前提下实现快速的切换。

2. 低功耗

目前主流的通用处理器在满负荷状态下的功耗大约为 60 ~ 80 W,而 FPGA 的平均功耗不超过 20 W,远低于 GPU 和 CPU 的功耗。低功耗是 FPGA 当前受到极大关注的重要一点。

3. 可定制

FPGA 可以根据应用需求灵活地对数据位宽进行配置,满足不同精度的计算需求。由于 FPGA 具有丰富的逻辑资源、存储资源和 DSP(数字信号处理器)资源,所以可以在一个 FPGA 芯片内部定制多种运算单元。

4. 高性能

FPGA 芯片具有大量的片上存储资源,可以提供强大的带宽和并行访存能力。针对特定的应用定制计算通路和存储结构,同时开发粗粒度线程级并行和细粒度的指令级并行,可以最大限度地为开发 FPGA 芯片提供计算和访存能力。鉴于 FPGA 的以上优势,在 2015、2016 年的 ISCA、MICRO、NIPS 等顶级会议上出现了不少针对深度学习的 FPGA 加速器;在 FPGA2017 中获得最佳论文的深鉴科技 ESE 语音识别引擎,结合深度压缩(Deep Compression)、专用编译器以及 ESE 专用处理器架构,在中端的 FPGA 上即可取得比 Pascal TITAN X GPU 高 3 倍的性能,并将功耗降低到小于 1/3。据悉,该 ESE 语音识别引擎,也是深鉴科技 RNN 处理器产品的原型。

当然 FPGA 也并非完美无瑕,同样面临一系列挑战,比如硬件编程困难,FPGA 的开发需要对底层硬件有一定的知识且使用硬件描述语言(Hardware Description Language,HDL)进行开发、需要开发人员具有长期的经验积累;虽然已经可以用高级编程语言(C 或 C++)进行开发,但由于其还不完善,性能还没达到硬件描述语言的程度,所以还有一定的局限性。此外,FPGA 存在许多编程模式,还未形成统一的编程模型,且模块的重用也是一大难题。因此,FPGA 在深度学习的大规模应用甚至替代 GPU 还有很长的路要走。鉴于成本上的考虑,基于 FPGA 的低功耗优势,使用 FPGA 进行深度学习加速的多是企业用户，如百度、微软、IBM 等公司都有专门做 FPGA 的团队为服务器加速。基于 FPGA 的深度学习研究大致过程如图 1-12 所示。

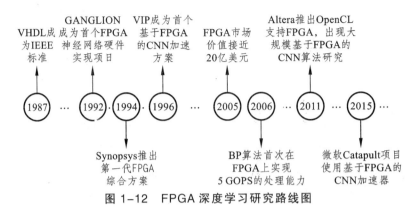

图 1-12　FPGA 深度学习研究路线图

1.5.4　ASIC 加速技术

与 FPGA 的可编程性不同，专用集成电路（Application-Specific Integrated Circuit，ASIC）一旦设计制造完成后电路结构就固定了，无法再改变，其主要代表公司是 Movidius。ASIC 具有以下几个特点：

（1）需要大量设计以及验证时间和物理设计周期，因此需要相对多的上市时间。

（2）同一时间点上用最好的工艺实现的 ASIC 加速器的速度会比用同样工艺 FPGA 实现的加速器速度快 5～10 倍，且量产后 ASIC 的成本会远远低于 FPGA 方案（成本为 1/100～1/10 倍），因此 FPGA 主要用于服务器市场，而 ASIC 主要用于移动终端的消费电子领域。

FPGA 和 ASIC 的相关比较如表 1-2 所示。

表 1-2　FPGA 和 ASIC 的相关比较

部件	上市速度	性能	成本	量产成本	可配置	目标市场
FPGA	快	差	低	高	完全	企业军工
ASIC	慢	好	高	低	有限	消费电子

当前在专用神经网络加速器方面做得最好的当属中科院计算所的陈云霁团队，其设计的寒武纪系列神经网络加速器连续在 2013 年 ASPLOS、2014 年 MICRO、2015 年 ASPLOS 和 ISCA、2016 年 ISCA、MICRO 等国际顶级会议发表，并在国际上产生了重要影响，已成为国际上专用神经网络加速器的代表。2013 年提出 DianNao 成为国际上首个深度学习处理器[14]，并获得体系结构 A 类会议最佳论文；2014 年提出的 DaDianNao 是国际上首个多核深度学习处理器[15]，并获得 MICRO14 最佳论文；2015 年提出的 PuDianNao 可以支持多种神经网络模型，成为国际上首个通用机器学习处理器[16]；同年提出的 ShiDianNao 是一个可以嵌入在手机等终端[17]，面向视频、图像智能助理具有极低功耗的专用神经网络处理

器，相比主流 GPU 有 28 倍的性能，4 700 倍的性能功耗比；2016 年提出的 Cambricon[18] 是一种神经网络指令集，是国际上首个神经网络通用指令集，且获得 ISCA 评审最高分，足以见其研究的受重视程度。该通用指令集可以高效地实现当前所有的神经网络模型，通过该指令集可以编写出不同的神经网络模型，该工作使得专用神经网络处理器具有了可编程的能力。

此外，大名鼎鼎的 AlphaGo 除了配备 1 920 颗 CPU 和 280 颗 GPU 外，谷歌披露它还安装了一定数量的张量处理单元（Tensor Processing Unit，TPU）。谷歌称 TPU 是专为谷歌开源项目 TensorFlow 优化的硬件加速器，属于一款 ASIC 加速器。业内普遍认为 AlphaGo 对围棋局势的预判所使用的价值网络就是依赖 TPU 的发挥。谷歌指出，在深度学习方面，TPU 兼具了 CPU 与 ASIC 的特点，可编程、高效率、低能耗，因此 TPU 可以兼具桌面机与嵌入式设备的功能。

另外，中星微数字多媒体芯片技术国家重点实验室宣布，中国首款嵌入式神经网络处理器（Neural Processing Unit，NPU）芯片诞生并实现量产。这款 NPU 芯片采用了数据驱动并行计算架构，这种数据流类型的处理器极大地提升了计算能力与功耗的比例，特别擅长处理视频、图像类的海量多媒体数据，使得人工智能在嵌入式机器视觉应用中可以大显身手。

通过最近国际顶会的相关论文以及商业产品可知，基于专用的神经网络加速器也是当前的一个研究热点，尤其是针对嵌入式平台，如手机、无人机、无人车等。相信随着研究的进一步深入，拥有不同体系结构的专用神经网络加速器会越来越多。

1.6 其他技术研究

除了传统的硬件加速器，随着半导体技术的发展，新型的加速方案不断涌现。IBM 的 TrueNorth 计算平台，外形只有邮票大小，重量只有几克，却集成了 54 亿个硅晶体管，内置了 4 096 个内核、100 万个神经元、256 亿个突触，能力相当于一台超级计算机，功耗却只有 65 mW。与传统冯·诺依曼结构不同，芯片把数字处理器当作神经元，把内存作为突触，它的内存、CPU 和通信部件完全集成在一起，信息的处理完全在本地进行，而且由于本地处理的数据量并不大，传统计算机内存与 CPU 之间的瓶颈不复存在，所以有人把 IBM 的芯片称为计算机史上最伟大的发明之一，将会引发技术革命，颠覆从云计算到超级计算机乃至于智能手机等一切。IBM 不久前发表于 PNAS 的论文描述了 IBM 研究员在神经形态硬件上训练卷积神经网络分类图像和语音，在 8 个标准数据集上达到了接近目前最先进的精度，具有 1 200 ～ 2 600 F/s 的速度处理，能耗为 25 ～ 275 mW。这是首次将深度学习算法的力量和神经形态处理器的高能效相结合，向着实现嵌入式类脑智能计算又迈进了一步。但是短期看来，情况并非那么乐观，首先芯片的编程困难，这种芯片要颠覆传统的编程思想，因此需要一套全新的配套开发工具；由于其相关资料尚未完全公开，该芯片的能力有待进一步证实。

2017 年年初高通披露了其最新的 Snapdragon835 的相关信息，新增加了机器学习方面的功能，包括支持客户生成神经网络层，同时还支持谷歌的机器学习架构 TensorFlow。据称 Hexagon 682 是首个支持 TensorFlow 和 Halide 架构的移动数字信号处理器（Digital Signal Processing，DSP）。早在 2013 年，高通就展示了一款内置 Zeroth 芯片的机器人，它能够在接受外界信息之后学会选择正确的路线行进。另外，DSP 供应商 CEVA 也于近两年在机器学习领域进行了研究，并推出了多款适用于深度学习的 DSP 芯片。

另外，新型材料如忆阻器（Memristor）也被用于神经网络的构建。2016 年 Balasubramonian 教授课题组与 HP 实验室合作，提出了一种基于忆阻器交叉开关的卷积神经网络加速器，基于流水线的组织方式来加速神经网络的不同计算层，并采用 eDRAM 来实现流水线段间数据寄存。同样基于新型材料的 ReRAM 被认为是今后替代当前 DRAM（动态随机存取存储器）作为密度更大、功耗更小的下一代存储的技术之一，其独特的交叉网络结构和多比特存储性质，能以很高的能量效率加速神经网络计算中的主要计算模块。加州大学课题组结合 ReRAM 的这种特性，设计了一种可以在存储状态和神经网络加速器状态之间灵活切换的内存计算架构。新型材料可以融合数据存储与计算，在较低的功耗下达到很高的计算性能。然而这类芯片及硬件设计由于受到制造工艺的影响，也存在许多限制。

设计以存储为中心的总体结构，在 CPU 周围设置大量的加速器单元。Mukhopadhyay 教授课题组提出了一种基于三维堆叠存储的可编程神经网络加速器计算结构 Neurocube，采用以三维堆叠存储为基础的内存计算架构，在三维堆叠内存的最下层（逻辑层）中添加计算单元，可以通过存储内部的巨大带宽消除不必要的数据搬移，并且使用定制逻辑模块加速神经网络的计算（包括训练部分）。

除了硬件结构上的加速，2016 年的顶会上还提出一些算法层次上的加速，如 2016 年 MICRO 会议上，纽约州立大学石溪分校的 Alwani 等人提出一种 Fused-layer 的卷积神经网络加速器，通过融合两个或两个以上的卷积层，使得 DRAM 只用加载输入特征图，无须将中间结果写回，只保存计算结果，该方法可以大幅减少层与层之间的片外数据移动，进而大幅降低可移动的数据量。此外，在该会议上，陈云霁等人提出了一种稀疏的神经网络加速器，通过对神经网络的分析找出神经网络模型相邻层之间的稀疏连接，在不降低模型识别率的基础上将全连接网络变成稀疏连接，进而压缩神经网络模型，只计算和存储连接的神经元，因此可以大幅降低模型的计算量和存储需求。

通过近两年国际顶级会议的相关论文可以发现，神经网络加速器的研究是当前的一个研究热点，不仅有基于硬件的神经网络加速，也有基于软件算法层次上的神经网络加速研究。由于深度神经网络模型具有超大规模计算量，未来需要从硬件和软件算法层次等方面一起来加速神经网络算法模型的计算。

2 深度学习环境配置

入门深度学习的基础是进行环境搭建，目前深度学习有两个主流框架：侧重工业部署的 Tensorflow 框架以及侧重学术研究的 PyTorch 框架。Tensorflow 是由谷歌人工智能团队（Google Brain）开发与维护的，灵活的架构、高移植性和兼容性使得其深受深度学习开发人员欢迎。PyTorch 是一个开源的 Python 机器学习库，由 Facebook 人工智能研究院(FAIR)基于 Torch 推出。它是一个基于 Python 的可续计算包，提供两个高级功能：

（1）具有强大的 GPU 加速的张量计算（如 NumPy）；

（2）包含自动求导系统的深度神经网络。

本章介绍如何根据计算机硬件在 Windows 系统下配置 Tensorflow-gpu 与 PyTorch 框架。

2.1 CUDA 及 CUDNN 安装

CUDA 是 NVIDIA 发明的一种并行计算平台和编程模型，它通过利用图形处理器（GPU）的处理能力，可大幅提升计算性能。目前为止基于 CUDA 的 GPU 销量已达数以百万计，软件开发商、科学家以及研究人员正在各个领域中运用 CUDA，其中包括图像与视频处理、计算生物学和化学、流体力学模拟、CT 图像再现、地震分析以及光线追踪等。

CUDNN 是 NVIDIA 推出的用于深度神经网络的 GPU 加速库，强调性能，易用性和低内存开销。

CUDA 和 CUDNN 的关系：CUDNN 是基于 CUDA 架构开发的专门用于深度神经网络的 GPU 加速库。开始安装前，请确保待安装的计算机有 NVIDIA 独立显卡。

2.2 版 本 选 择

进入 NVIDIA 控制面板（见图 2-1），点击左下角"系统信息"，然后点击"组件"（见图 2-2），在这里便能查询到 CUDA 驱动版本为 CUDA 11.6.134，接下来的 CUDA 选择不能高于这个版本。大家根据自己版本型号进行选择。

图 2-1　进入 NVIDIA 控制面板

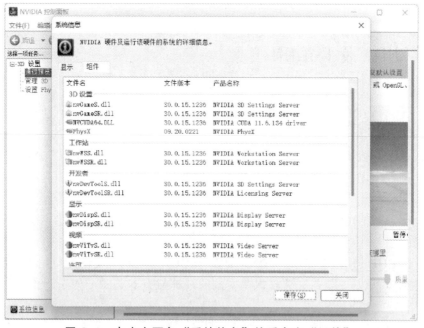

图 2-2　点击左下角"系统信息"然后点击"组件"

2.2.1　CUDA 下载

进入 CUDA 版本选择页面（见图 2-3），选择后进入选择目标平台页面（见图 2-4），选择好后点击"Download"按钮即可。

图 2-3　CUDA 版本选择

图 2-4　选择 CUDA 安装的目标平台

CUDA 下载地址如下：

https：//developer.nvidia.com/cuda-toolkit-archive

2.2.2　CUDNN 下载

再接下来，下载相应的神经网络加速库 CUDNN（见图 2-5），加速库版本取决于前面下载的 CUDA 的版本（见图 2-6）。CUDNN 的下载需要注册账号，没有账号的注册一个即可（见图 2-7）。

下载地址如下：

https：//developer.nvidia.com/rdp/cudnn-archive

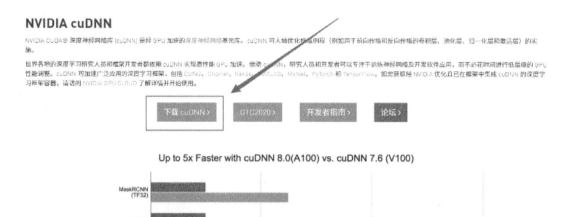

图 2-5　下载 CUDNN

1.选择对应刚才
下载的CUDN版本

2.下载

图 2-6　选择 CUDNN 版本

——CUDNN下载需要登录，没有账户的话就得注册一个

图 2-7　按照指示注册

2.2.3 CUDA 安装

前面下载步骤完成后得到两个安装文件（见图 2-8），双击进入 CUDA 安装文件（见图 2-9），具体安装过程如图 2-10 ~ 图 2-17 所示。

cuda_11.1.1_456.81_win10.exe	2021/10/3 0:21	应用程序	3,086,632...
cudnn-11.1-windows-x64-v8.0.5.39.zip	2021/10/3 0:54	360压缩 ZIP 文件	746,132 KB

图 2-8　上述下载步骤完成后得到如下两个文件

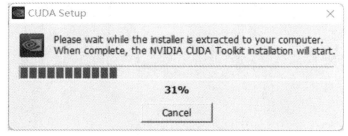

图 2-9　双击进入 CUDA 的安装文件

图 2-10　解压中

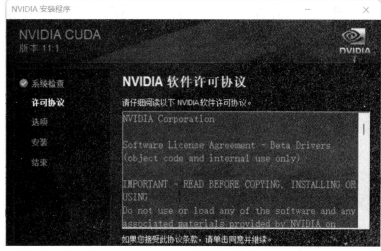

图 2-11　同意并继续

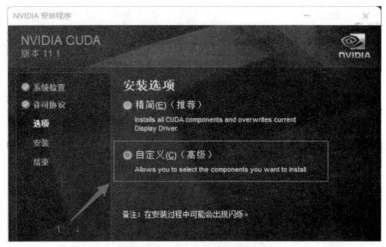

图 2-12　选择自定义安装

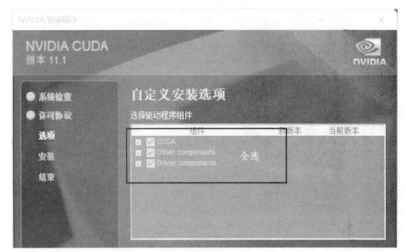

图 2-13　驱动组件全选上

图 2-14　进入安装路径页面

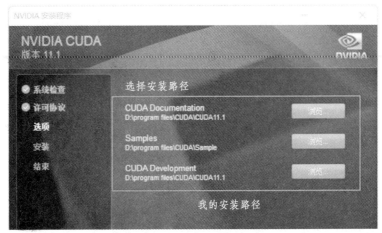

图 2-15　选择需要的路径

图 2-16　安装完成

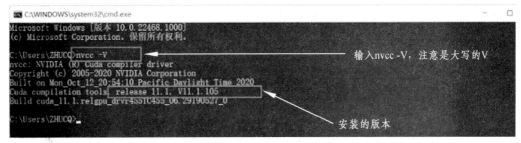

图 2-17　最后通过 CMD 中输入"nvcc-V"查看安装是否成功

2.2.4　CUDNN 安装

CUDNN 的安装其实就是一个文件复制替换的过程，先解压 CUDNN 压缩包（见图 2-18），解压后进入并复制文件夹（见图 2-19）。

图 2-18　解压 CUDNN 压缩包

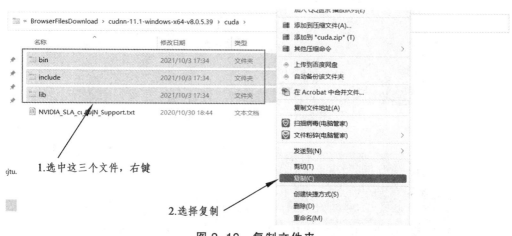

图 2-19　复制文件夹

进入刚才安装的 CUDA 的目录，进去后将复制的文件夹粘贴即可，如图 2-20、图 2-21 所示。

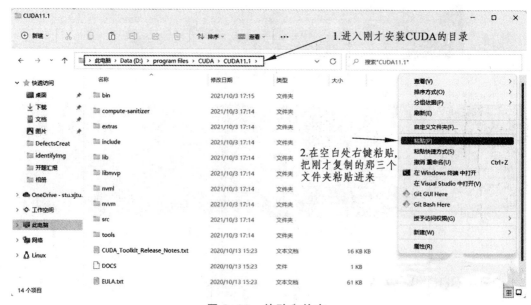

图 2-20　粘贴文件夹

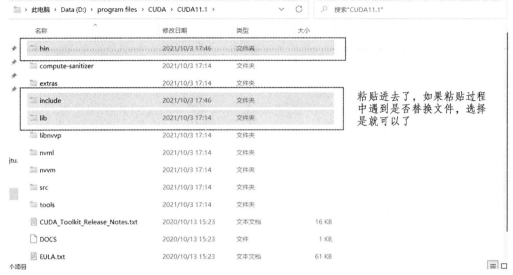

粘贴进去了，如果粘贴过程中遇到是否替换文件，选择是就可以了

图 2-21　安装完成

2.3　Tensorflow-gpu 安装

为保证开发环境的整洁，在深度学习中常常以一个项目创建一个虚拟环境的方法进行管理，这里我们建立一个命名为 tf2py3.6 的环境，意思为以 python3.6 为基础的tensorflow2.0-gpu 环境。

进入 Anaconda Prompt(Anaconda3)命令模式(见图 2-22)，输入"conda create--name tf2py3.6 python = 3.6"，创建虚拟环境，如图 2-23 所示。

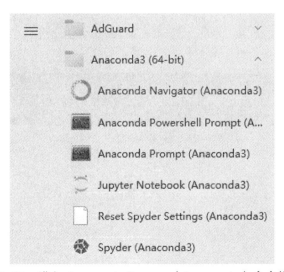

图 2-22　进入 Anaconda Prompy（Anaconda）命令模式

图 2-23　创建虚拟环境

创建好虚拟环境后通过以下指令激活环境（见图 2-24）：

conda activate tf2py3.6

接下来在该环境内进行依赖配置。

运行指令"pip install tensorflow-gpu==2.2.0"进行 tensorflow 安装（见图 2-25），可能因为网络原因无法下载或者下载中断，可以多尝试几次或者添加镜像源方式解决。镜像源添加方式如下：

pip install tensorflow-gpu==2.2.0 -ihttp://mirrors.aliyun.com/pypi/simple/

如果要运行深度学习模型，还需要一些其他依赖库（见图 2-26，包括但不限于以下几个），根据需要安装即可。根据图 2-27 ~ 图 2-31 的文字描述依次进行操作。

图 2-24　激活环境

图 2-25　安装 tensorflow-gpu

```
1    scipy==1.2.1
2    numpy==1.17.0
3    matplotlib==3.1.2
4    opencv_python==4.1.2.30
5    torch==1.2.0
6    torchvision==0.4.0
7    tqdm==4.60.0
8    Pillow==8.2.0
9    h5py==2.10.0
```

图 2-26　相关依赖

图 2-27　点击右下角

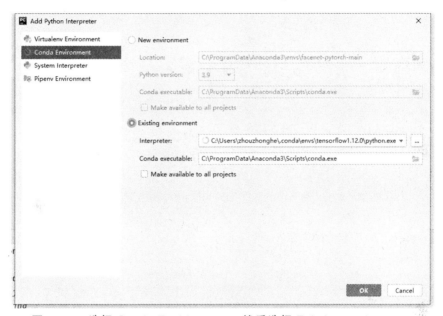

图 2-28 再点击 Add Interpreter

图 2-29 选择 Conda Environment，然后选择 Existing environment

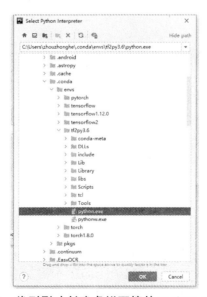

图 2-30 找到刚才创建虚拟环境的 python.exe 文件

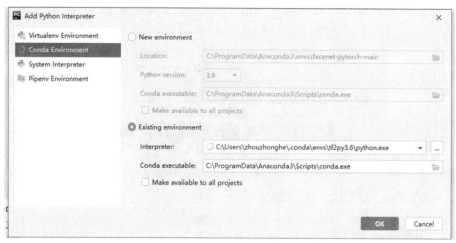

图 2-31 点击"OK"按钮

2.4 Pytorch-gpu 安装

进入官网"https://pytorch.org/get-started/locally/"，选择 PyTorch 版本，如图 2-32 所示。

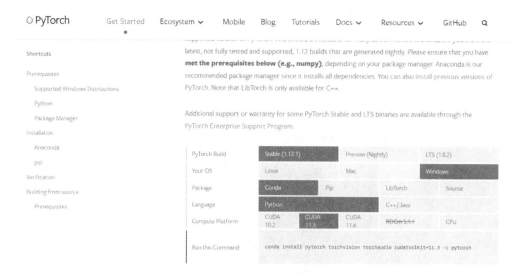

图 2-32 PyTorch 版本选择

创建对应的虚拟环境后在该环境中运行命令"conda activate tf2py3.6"（见图 2-33）。后续步骤与 tensorflow 安装中一样。

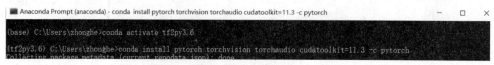

图 2-33 安装指令

第二部分

深度学习网络介绍

3　典型深度学习网络介绍

3.1　DenseNet

3.1.1　简要概括

DenseNet[19]（密集连接的卷积网络）于 2017 年由 Gao Huang 等人提出，该网络采用密集连接机制，通过在 channel（特征通道）上的特征连接来实现特征重用。DenseNet 的基本思路与 ResNet 一致，ResNet 模型的核心是通过建立前面层与后面层之间的"短路连接"（Skip Connection），来训练出更深的 CNN 网络。但 DenseNet 建立的是前面所有层与后面层的密集连接（Dense Connection），该特点让 DenseNet 在参数更少的情形下实现比 ResNet 更优的性能，DenseNet 也因此斩获 CVPR（IEEE 国际计算机视觉与模拟识别会议）2017 的最佳论文奖。

3.1.2　网络结构

相比 ResNet，DenseNet 提出了一个更激进的密集连接机制：互相连接所有的层，具体来说就是每个层都会接受其前面所有层作为其额外的输入。图 3-1 所示为 ResNet 网络的连接机制，作为对比，图 3-2 所示为 DenseNet 的密集连接机制。可以看到，ResNet 是每个层与前面的某层（一般是 2～3 层）短路连接在一起，连接方式是通过元素级相加。而在 DenseNet 中，每个层都会与前面所有层在 channel 维度上连接在一起，并作为下一层的输入。对于一个 L 层的网络，DenseNet 共包含 $L(L+1)/2$ 个连接，相比 ResNet，这是一种密集连接，而且 DenseNet 是直接 concat（连接）来自不同层的特征图，这可以实现特征重用，提升效率，这一特点是 DenseNet 与 ResNet 最主要的区别。

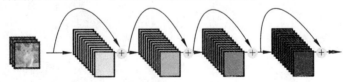

+ ：Element-wise addition

图 3-1　ResNet 网络的短路连接机制（其中+代表的是元素级相加操作）

如果用公式表示的话，传统的网络在 l 层的输出为：

$$x_l = H_l\left(x_{(l-1)}\right) \tag{3.1}$$

而对于 ResNet，增加了来自上一层输入的 identity 函数：

$$x_l = H_l\left(x_{(l-1)}\right) + x_{(l-1)} \tag{3.2}$$

在 DenseNet 中，会连接前面所有层作为输入：

$$x_l = H_l\left(\left[x_0, x_1, \cdots, x_{l-1}\right]\right) \tag{3.3}$$

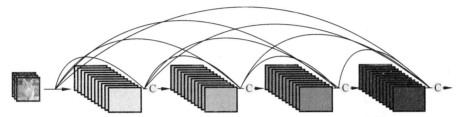

图 3-2　DenseNet 网络的密集连接机制（其中 c 代表的是 channel 级连接操作）

式中，$H_l(\cdot)$ 代表是非线性转化函数，它是一个组合操作，其可能包括一系列的 BN （Batch Normalization，批标准化）、ReLU（修正线性单元）、Pooling（池化）及 Conv（卷积）操作。注意这里 l 层与 $l-1$ 层之间可能实际上包含多个卷积层。

DenseNet 的前向过程如图 3-3 所示，据图可以更直观地理解其密集连接方式，比如 h_3 的输入不仅包括来自 h_2 的 x_2，还包括前面两层的 x_1 和 x_0，它们是在 channel 维度上连接在一起的。

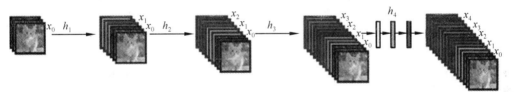

图 3-3　DenseNet 的前向过程

CNN 网络一般要经过 Pooling 或者步长 stride>1 的 Conv 来降低特征图的大小，而 DenseNet 的密集连接方式需要特征图大小保持一致。为了解决这个问题，DenseNet 网络中使用 Dense Block+Transition 的结构，其中 Dense Block 是包含很多层的模块，每个层的特征图大小相同，层与层之间采用密集连接方式。而 Transition 模块是连接两个相邻的 Dense Block，并且通过 Pooling 使特征图大小降低。图 3-4 所示给出了 DenseNet 的网络结构，它共包含 3 个 Dense Block，各个 Dense Block（密集块）之间通过 Transition（过渡层）连接在一起。

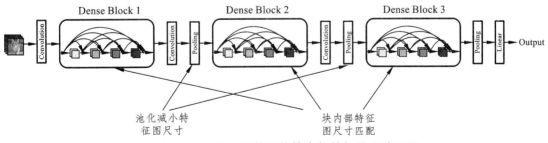

图 3-4　DenseNet 网络结构块内部特征图尺寸匹配

3.1.3 Dense Block

在 Dense Block 中，各个层的特征图大小一致，可以在 channel 维度上连接。Dense Block 中的非线性组合函数采用的是 BN+ReLU+3×3Conv 的结构，如图 3-5 所示。假定输入层的特征图的 channel 数为 k_0，Dense Block 中各个层卷积之后均输出 k 个特征图，即得到的特征图的 channel 数为 k，那么 l 层输入的 channel 数为 $k_0+(l-1)k$，将 k 称为网络的增长率（Growth Rate）。Dense Block 采用了激活函数在前、卷积层在后的顺序，即 BN-ReLU-Conv 的顺序，这种方式也被称为 pre-activation（预激活）。通常的模型 ReLU 等激活函数处于卷积 conv、批归一化 batchnorm 之后，即 Conv-BN-ReLU，也被称为 post-activation（后激活）。

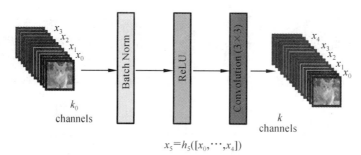

$$x_5 = h_5([x_0, \cdots, x_4])$$

图 3-5　Dense Block 中的非线性转换结构

由于后面层的输入会非常大，Dense Block 内部可以采用 bottleneck（瓶颈层）层来减少计算量，主要是在原有的结构中增加 1×1Conv（见图 3-6），即 BN+ReLU+1×1Conv+BN+ReLU+3x3Conv，称为 DenseNet-B 结构。其中，1×1 卷积的作用是固定输出通道数，实现降维的作用，1×1 卷积输出的通道数通常是 growth rate（增长率）的 4 倍。当几十个 Bottleneck 相连接时，连接后的通道数会增加到上千个，如果不增加 1×1 的卷积来降维，后续 3×3 卷积所需的参数量会急剧增加。

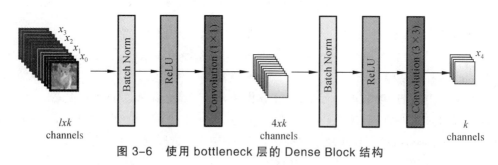

图 3-6　使用 bottleneck 层的 Dense Block 结构

3.1.4 Transition

Transition 层的作用主要是连接两个相邻的 Dense Block，并且降低特征图大小。Transition 层包括一个 1×1 的 Convolution 和一个 2×2 的 AvgPooling（平均池化），结构为 BN+ReLU+1×1Conv+2×2AvgPooling。另外，Transition 层可以起到压缩模型的作用。假

定 Transition 的上接 Dense Block 得到的特征图 channels 数为 m，Transition 层可以产生 θm 个特征（通过卷积层），其中 θ 是压缩系数（Compression Rate）。当 $\theta = 1$ 时，特征个数经过 Transition 层没有变化，即无压缩；而当压缩系数小于 1 时，这种结构称为 DenseNet-C。将使用 Bottleneck 层的 Dense Block 结构和压缩系数小于 1 的 Transition 组合结构称为 DenseNet-BC。

3.1.5 网络优点

1. 减轻梯度消失

DenseNet 采用密集连接方式使得特征和梯度的传递更加有效，也使得网络更加容易训练。每一层都可以直接利用损失函数的梯度以及最开始的输入信息，相当于是一种隐形的深度监督，这有助于训练更深的网络。一般来说，网络深度越深的网络越容易出现梯度消失问题，而 DenseNet 的密集连接相当于每一层都直接连接输入和损失，从而可以减轻梯度消失现象，构建更深的网络。

2. 更有效利用特征

由于 DenseNet 每层的输出特征图都是之后所有层的输入，因此其能更有效地利用特征。

3. 抗过拟合

DenseNet 具有非常好的抗过拟合性能，尤其适合于训练数据相对匮乏的应用。神经网络每一层提取的特征都相当于对输入数据的一个非线性变换，而随着深度的增加，变换的复杂度也逐渐增加。相比于一般神经网络的分类器直接依赖于网络最后一层（复杂度最高）的特征，DenseNet 可以综合利用浅层复杂度低的特征，因而更容易得到一个光滑的具有更好泛化性能的决策函数。

4. 减少参数数量

DenseNet 的密集连接方式可以避免重新学习多余的特征图，因此相比传统的卷积网络有更少的参数。传统的前馈结构可以被看成一种层与层之间状态传递的算法，每一层接收前一层的状态，然后将新的状态传递给下一层，从而改变了状态，但也传递了需要保留的信息。

3.1.6 相关代码

在 keras 框架下可用以下函数调用 DenseNet121 网络：

keras.applications.densenet.DenseNet121(include_top=**True**,weights='imagenet',input_tensor=**None**,input_shape=**None**,pooling=**None**,classes = 1000)

参数解释：

（1）blocks：四个 Dense Layers 的 block 数量。

（2）include_top：是否包括顶层的全连接层。

（3）weights："None"代表随机初始化，"imagenet"代表加载在 ImageNet 上预训练的权值。

（4）input_tensor：可选，Keras tensor 作为模型的输入（比如 layers.Input()输出的 tensor）。

（5）input_shape：可选，输入尺寸元组，仅当 include_top = False 时有效，不然输入形状必须是（224，224，3）（channels_last 格式）或（3，224，224）（channels_first 格式），因为预训练模型是以这个大小训练的。它必须为 3 个输入通道，且宽高必须不小于 32，比如（200，200，3）是一个合法的输入尺寸。

（6）pooling：可选，当 include_top 为 False 时，该参数指定了特征提取时的池化方式。其中，None 代表不池化，直接输出最后一层卷积层的输出，该输出是一个四维张量；"avg"代表全局平均池化（GlobalAveragePooling2D），相当于在最后一层卷积层后再加一层全局平均池化层，输出是一个二维张量。"max"代表全局最大池化。

（7）classes：可选，图片分类的类别数，仅当 include_top 为 True 并且不加载预训练权值时可用。

3.2   VGG Net

3.2.1   简要概括

VGGNet[20]（视觉几何组网络）是 2014 年由牛津大学著名研究组 VGG（Visual Geometry Group，视觉几何组）提出的深度卷积神经网络。它探索了卷积神经网络的深度和其性能之间的关系，通过反复地堆叠 3×3 的小型卷积核和 2×2 的最大池化层，成功地构建了 16～19 层深的卷积神经网络，该网络斩获该年 ImageNet 竞赛中 Localization Task（定位任务）第一名和 Classification Task（分类任务）第二名。

3.2.2   网络结构

VGGNet 的网络配置如图 3-7 所示，其包含很多级别的网络，深度从 11 层到 19 层不等，不同配置中对比了 LRN（局部响应归一化）、不同卷积核尺寸等因素对网络性能的影响，各种配置之间的区别如图 3-7 所示。

图中 A-LRN 配置相比于 A 配置增加了 LRN 层，但通过实验对比会发现 LRN（Local Response Normalisation，局部响应归一化）层并没有起到多大的作用，认为 LRN 并没有提升模型在 ILSVRC 数据集上的表现，反而增加了内存消耗和计算时间。C 配置和 D 配置的层数一样，但 C 层使用了 1×1 的卷积核，用于对输入的线性转换增加非线性决策函数，而不影响卷积层的接受视野。对比实验证明，使用增加的 1×1 卷积核不如添加 3×3 的卷积核。对 A 配置到 E 配置进行对比，发现增加一定程度的网络深度可以提高网络精度，进一步地说，用小卷积核构建出更深的网络，比使用大卷积核的浅层网络要好。

ConNet Configuration					
A	A-LRN	B	C	D	E
11 weight layers	11 weight layers	13 weight layers	16 weight layers	16 weight layers	19 weight layers

Input(224×224 RGB image)					
Conv3-64	Conv3-64 **LRN**	Conv3-64 **Conv3-64**	Conv3-64 Conv3-64	Conv3-64 Conv3-64	Conv3-64 Conv3-64
maxpool					
conv3-128	conv3-128	conv3-128 **conv3-128**	conv3-128 conv3-128	conv3-128 conv3-128	conv3-128 conv3-128
maxpool					
conv3-256 conv3-256	conv3-256 conv3-256	conv3-256 conv3-256	conv3-256 conv3-256 **conv1-256**	conv3-256 conv3-256 conv3-256	conv3-256 conv3-256 conv3-256 **conv3-256**
maxpool					
conv3-512 conv3-512	conv3-512 conv3-512	conv3-512 conv3-512	conv3-512 conv3-512 **conv3-512**	conv3-512 conv3-512 **conv3-512**	conv3-512 conv3-512 conv3-512 **conv3-512**
maxpool					
conv3-512 conv3-512	conv3-512 conv3-512	conv3-512 conv3-512	conv3-512 conv3-512 **conv3-512**	conv3-512 conv3-512 **conv3-512**	conv3-512 conv3-512 conv3-512 **conv3-512**
maxpool					
FC-4096					
FC-4096					
FC-1000					
soft-max					

A—最基础的配置，共 11 层；A-LRN—增加了 LRN 层；B—加了两个卷积层；C—进一步加了 3 个 kernel 为 1×1 的卷积层；D—将 C 中 1×1 的卷积核替换成了 3×3 的卷积核，即 VGG16；E—在 D 的基础上进一步叠加了 3 个 3×3 卷积层，即 VGG19。

图 3-7 VGGNet 网络配置

VGGNet 把网络分成了 5 段，每段都把多个 3×3 的卷积网络串联在一起，每段卷积后面接一个最大池化层，最后面是 3 个全连接层和一个 softmax 层。比较常用的是 D 配置，即 VGGNet-16（见图 3-8），其具体网络结构为：输入为 224×224 大小的 RGB 图像，首先经过两个 3×3 的卷积层→一个最大下采样层→两个 3×3 的卷积层→一个最大下采样层→三个 3×3 的卷积层→一个最大下采样层→三个 3×3 的卷积层→一个最大下采样层→三个 3×3 的卷积层→一个最大下采样层→三个全连接层→softmax 处理得到概率分布。

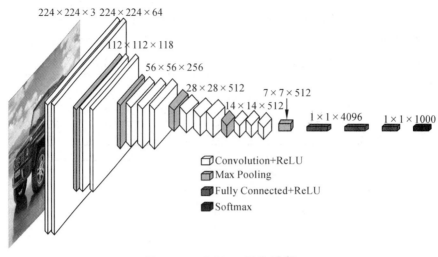

图 3-8　VGGNet 网络模型

3.2.3 感受野

VGG 网络最大的特点就是通过堆叠多个 3×3 的卷积核来替代大尺度卷积核，这种方式可以获得相同的感受野，并极大减少训练参数。在卷积神经网络中，决定某一层输出结果中一个元素所对应的输入层的区域大小，被称作感受野（Receptive Field）。通俗而言，就是输出特征矩阵上的一个单元对应输入层上的区域大小。感受野的计算公式为

$$F(i) = (F(i+1) - 1) \times Stride \times Ksize \tag{3.4}$$

式中　$F(i)$ ——第 i 层感受野；

　　　$Stride$ ——第 i 层的步距；

　　　$Ksize$ ——卷积核或池化核尺寸。

以图 3-9 为例，按以上公式计算可得每层的感受野为

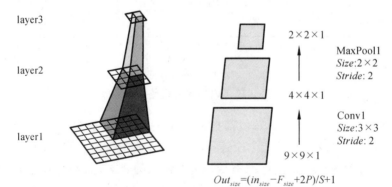

layer3—$F(3) = 1$；layer2—$F(2) = (1-1) \times 2 + 2 = 2$；layer1—$F(1) = (2-1) \times 2 + 3 = 5$。

图 3-9　感受野的计算

因此，输出层 layer3 中一个单元对应输入层 layer2 上的区域大小为 2×2，对应输入层 layer1 上的区域大小为 5×5。

同理可知，通过堆叠两个 3×3 的卷积核可以替代一个 5×5 的卷积核，通过堆叠三个 3×3 的卷积核可以替代一个 7×7 的卷积核。替代前后的感受野相同，但堆叠 3×3 卷积核后训练参数是否真的减少呢？

已知 CNN 参数的计算公式为

$$\text{CNN 参数个数} = \text{卷积核尺寸} \times \text{卷积核深度} \times \text{卷积核组数}$$
$$= \text{卷积核尺寸} \times \text{输入特征矩阵深度} \times \text{输出特征矩阵深度}$$

现假设：

$$\text{输入特征矩阵深度} = \text{输出特征矩阵深度} = C$$

使用 7×7 卷积核所需要参数个数：

$$7\times7\times C\times C = 49C^2$$

堆叠三个 3×3 的卷积核所需要参数个数：

$$3\times3\times C\times C + 3\times3\times C\times C + 3\times3\times C\times C = 27C^2$$

由以上计算可知，使用堆叠三个 3×3 的卷积核来代替一个 7×7 的卷积核可以明显减少训练参数，因此通过堆叠多个小卷积核来代替一个大卷积核，可以在实现相同感受野的同时，大大减少训练参数。

3.2.4　网络优点

（1）通过堆叠多个 3×3 的卷积核来替代大尺度卷积核，从而减少训练参数。该网络中通过堆叠两个 3×3 的卷积核来替代一个 5×5 的卷积核，通过堆叠三个 3×3 的卷积核来替代一个 7×7 的卷积核，来获得相同的感受野，极大地减少了参数的数量。

（2）尝试了不同深度的配置，对比使用 LRN、改变卷积核大小对网络性能的差异，用户可根据自己数据集选择适合的配置。

（3）使用了 Softmax 激活函数，能将预测结果转换为概率分布。

3.2.5　相关代码

在 keras 框架下可用以下函数调用 VGG16 网络：

keras.applications.vgg16.VGG16(include_top=**True**,weights='imagenet',input_tensor=**None**, input_shape=**None**,pooling=**None**,classes=1000)

参数解释：

（1）include_top：是否包括顶层的全连接层。

（2）Weights：None 代表随机初始化；'imagenet'代表加载在 ImageNet 上预训练的权值。

（3）input_tensor：可选，Kerastensor 作为模型的输入（即 layers.Input()输出的 tensor）。

（4）input_shape：可选，输入尺寸元组，仅当 include_top = False 时有效，否则输入形状必须是（244，244，3）（对于 channels_last 数据格式），或者（3，244，244）（对于 channels_first 数据格式）。它必须拥有 3 个输入通道，且宽高必须不小于 32。例如（200，200，3）是一个合法的输入尺寸。

（5）pooling：可选，当 include_top 为 False 时，该参数指定了特征提取时的池化方式。其中 None 代表不池化，直接输出最后一层卷积层的输出，该输出是一个四维张量。'avg'代表全局平均池化（GlobalAveragePooling2D），相当于在最后一层卷积层后面再加一层全局平均池化层，输出是一个二维张量。'max'代表全局最大池化。

（6）classes：可选，图片分类的类别数，仅当 include_top 为 True 并且不加载预训练权值时可用。

3.3 ResNet

3.3.1 网络介绍

ResNet 网络（Deep Residual Network，深度残差网络）[21]是由微软研究院的 Kaiming He 等四名华人于 2015 年提出，斩获当年 ImageNet 大规模视觉识别挑战赛中分类任务第一名，目标检测第一名，获得 COCO 数据集中目标检测第一名，图像分割第一名。那么 ResNet 为什么会有如此优异的表现呢？其实是 ResNet 解决了深度 CNN 模型难训练的问题，从图 3-10 中可以看到 2014 年的 VGG 才 19 层，而 2015 年的 ResNet 多达 152 层，在网络深度上达到了超高的量级。

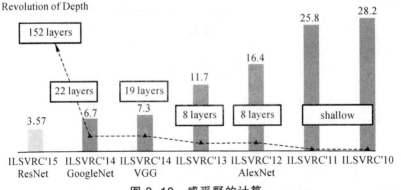

图 3-10 感受野的计算

随着网络层数的增加，训练的问题随之凸显。比较显著的问题有梯度消失/爆炸，这会在一开始就影响收敛。收敛的问题可以通过正则化来得到部分的解决。在深层网络能够收敛的前提下，随着网络深度的增加，正确率开始饱和甚至下降，称之为网络的退化 (degradation)问题。示例可见图 3-11，56 层的网络比 20 层网络效果还要差。所以针对这个问题，RcsNet 引入了一种全新的网络——深度残差网络，它允许网络尽可能地加深。

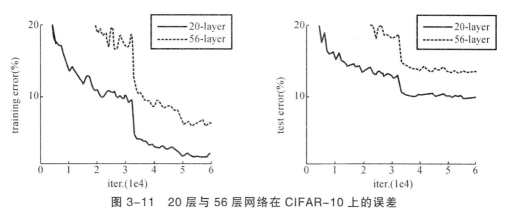

图 3-11　20 层与 56 层网络在 CIFAR-10 上的误差

3.3.2　残差学习

深度网络的退化问题至少说明深度网络不容易训练。但是我们考虑这样一个事实：现在用户有一个浅层网络，想通过向上堆积新层来建立深层网络，一个极端情况是这些增加的层不学习，仅仅复制浅层网络的特征，如此，新层便是恒等映射（Identity Mapping）。该情况下，深层网络应该至少和浅层网络性能一样，也不应该出现退化现象。至此，用户不得不承认目前的训练方法有问题，才会使得深层网络很难去找到一个好的参数。

这个有趣的假设让 Kaiming He 产生了灵感，他提出了残差学习来解决退化问题。对于一个堆积层结构（几层堆积而成）当输入为 x 时其学习到的特征记为 $H(x)$，现在我们希望其可以学习到残差 $F(x)=H(x)-x$，而原始的学习特征是 $F(x)+x$，之所以这样是因为残差学习相比原始特征直接学习更容易。当残差为 0 时，此时堆积层仅仅做了恒等映射，至少网络性能不会下降，实际上残差不会为 0，这也会使得堆积层在输入特征基础上学习到新的特征，从而拥有更好的性能。残差学习的结构如图 3-12 所示，这有点类似于电路中的"短路"，所以是一种短路连接（Shortcut Connection）。

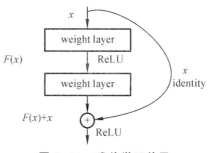

图 3-12　残差学习单元

为什么残差学习相对更容易？从直观上看残差学习需要学习的内容少，因为残差一般较小，学习难度小。不过我们可以从数学的角度来分析这个问题，首先残差单元可以表示为

$$y_l = h(x_l) + F(x_l, W_l) \tag{3.5}$$

$$x_{l+1} = f(y_l) \tag{3.6}$$

式中，x_l 和 x_{l+1} 分别表示的是第 l 个残差单元的输入和输出，注意每个残差单元一般包含多层结构；F 是残差函数，表示学习到的残差；而 $h(x_l) = x_l$ 表示恒等映射；f 是 ReLU 激活函数。基于上式，我们求得从浅层 l 到深层 L 的学习特征为

$$x_L = x_l + \sum_{i=l}^{L-1} F(x_i, W_i) \tag{3.7}$$

利用链式规则，可以求得反向过程的梯度：

$$\frac{\partial loss}{\partial x_l} = \frac{\partial loss}{\partial x_L} \cdot \frac{\partial x_L}{\partial x_l} = \frac{\partial loss}{\partial x_L} \cdot \left(1 + \frac{\partial}{\partial x_l} \sum_{i=l}^{L-1} F(x_i, W_i)\right) \tag{3.8}$$

式中，第一个因子 $\frac{\partial loss}{\partial x_l}$ 表示的损失函数到达 L 的梯度，l 表明短路机制可以无损地传播梯度，而另外一项残差梯度则需要经过带有 weights 层，梯度不是直接传递过来的。残差梯度不会全为-1，即使残差梯度极其小，只要有 1 的存在也不会导致梯度消失，所以残差学习会更容易。

3.3.3　ResNet 网络结构

ResNet 网络是参考了 VGG19 网络[20]，在其基础上进行了修改，并通过短路机制加入了残差单元，如图 3-13 所示。变化主要体现在 ResNet 直接使用 *Stride* = 2 的卷积做下采样，并且用 Global Average Pool（全局平均池化）层替换了全连接层。ResNet 的一个重要设计原则是：当 featuremap 大小降低一半时，featuremap 的数量增加一倍，这保持了网络层的复杂度。从图 3-13 中可以看到，ResNet 相比普通网络每两层间增加了短路机制，这就形成了残差学习，其中虚线表示 featuremap 数量发生了改变。图 3-13 展示的 34-layer 的 ResNet，还可以构建更深的网络，如表 3-1 所示。从表中可以看到，对于 18-layer 和 34-layer 的 ResNet，其进行的是两层间的残差学习，当网络更深时，其进行的是三层间的残差学习，三层卷积核分别是 1×1，3×3 和 1×1，一个值得注意的点是隐含层的 featuremap 数量是比较小的，并且是输出 featuremap 数量的1/4。

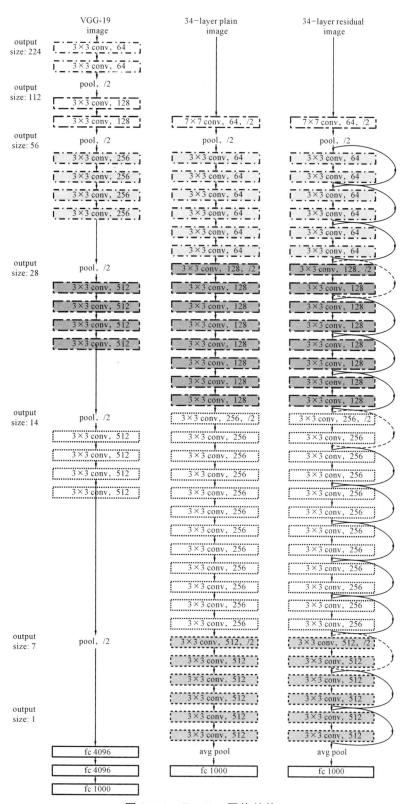

图 3-13 ResNet 网络结构

表 3-1　不同深度的 ResNet

layer	output	18-layer	34-layer	50-layer	101-layer	152-layer
conv1	112×112	7×7,64，Stride 2c				
conv2	56×56	3×3 max pool, Stride 2				
		$\begin{bmatrix}3\times3,64\\3\times3,64\end{bmatrix}\times2$	$\begin{bmatrix}3\times3,64\\3\times3,64\end{bmatrix}\times3$	$\begin{bmatrix}1\times1,64\\3\times3,64\\1\times1,256\end{bmatrix}\times3$	$\begin{bmatrix}1\times1,64\\3\times3,64\\1\times1,256\end{bmatrix}\times3$	$\begin{bmatrix}1\times1,64\\3\times3,64\\1\times1,256\end{bmatrix}\times3$
conv3	28×28	$\begin{bmatrix}3\times3,128\\3\times3,128\end{bmatrix}\times2$	$\begin{bmatrix}3\times3,128\\3\times3,128\end{bmatrix}\times4$	$\begin{bmatrix}1\times1,128\\3\times3,128\\1\times1,512\end{bmatrix}\times4$	$\begin{bmatrix}1\times1,128\\3\times3,128\\1\times1,512\end{bmatrix}\times4$	$\begin{bmatrix}1\times1,128\\3\times3,128\\1\times1,512\end{bmatrix}\times8$
conv4	14×14	$\begin{bmatrix}3\times3,256\\3\times3,256\end{bmatrix}\times2$	$\begin{bmatrix}3\times3,256\\3\times3,256\end{bmatrix}\times6$	$\begin{bmatrix}1\times1,256\\3\times3,256\\1\times1,1024\end{bmatrix}\times6$	$\begin{bmatrix}1\times1,256\\3\times3,256\\1\times1,1024\end{bmatrix}\times23$	$\begin{bmatrix}1\times1,256\\3\times3,256\\1\times1,1024\end{bmatrix}\times36$
conv5	7×7	$\begin{bmatrix}3\times3,512\\3\times3,512\end{bmatrix}\times2$	$\begin{bmatrix}3\times3,512\\3\times3,512\end{bmatrix}\times3$	$\begin{bmatrix}1\times1,512\\3\times3,512\\1\times1,2048\end{bmatrix}\times3$	$\begin{bmatrix}1\times1,512\\3\times3,512\\1\times1,2048\end{bmatrix}\times3$	$\begin{bmatrix}1\times1,512\\3\times3,512\\1\times1,2048\end{bmatrix}\times3$
fc	1×1	average pool 1000-d fc,softmax				

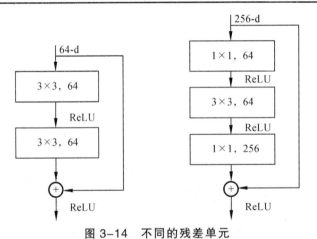

图 3-14　不同的残差单元

下面我们再分析一下残差单元，ResNet 使用两种残差单元，如图 3-14 所示。左图对应的是浅层网络，而右图对应的是深层网络。对于短路连接，当输入和输出维度一致时，可以直接将输入加到输出上。但是当维度不一致时(对应的是维度增加一倍)，这就不能直接相加。有两种策略：（1）采用 zero-padding（零填充）增加维度，此时一般要先做一个 down-samp（降采样），可以采用 *Stride* = 2 的 pooling，这样不会增加参数；（2）采用新的映射（Projection Shortcut），一般采用卷积，这样会增加参数，也会增加计算量。跳转连接除了直接使用恒等映射，都可以采用 Projection Shortcut。

对比 18-layer 和 34-layer 的网络效果，如图 3-15 所示。可以看到普通的网络出现退化现象，但是 ResNet 很好地解决了退化问题。

44

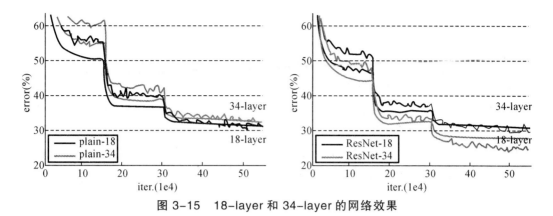

图 3-15　18-layer 和 34-layer 的网络效果

3.3.4　总　结

ResNet 和 Highway Network（高速神经网络）的思路比较类似，都是将部分原始输入的信息不经过矩阵乘法和非线性变换，直接传输到下一层。这就如同在深层网络中建立了许多条信息高速公路。ResNet 通过改变学习目标，即不再学习完整的输出，而是学习残差，解决了传统卷积层或全连接层在进行信息传递时存在的丢失、损耗等问题。通过直接将信息从输入绕道传输到输出，一定程度上保护了信息的完整性。同时，由于学习的目标是残差，简化了学习的难度。根据 Schmidhuber 教授的观点，ResNet 类似于一个没有 gates（门控）的 LSTM 网络，即旁路输入一直向之后的层传递，而不需要学习。

3.4　GoogLeNet

3.4.1　网络介绍

GoogLeNet[22]是 google 推出的基于 Inception（启发）模块的深度神经网络模型。

Google Inception Net 首次出现在 ILSVRC2014 的比赛中，以较大优势取得了第一名。那届比赛中的 Inception Net 通常被称为 Inception V1，它最大的特点是控制了计算量和参数量的同时，获得了非常好的分类性能，错误率 6.67%，不到 AlexNet 的一半。Inception V1 有 22 层深，比 AlexNet 的 8 层或者 VGGNet 的 19 层还要更深。但其计算量只有 15 亿次浮点运算，同时只有 500 万的参数量，仅为不到 AlexNet 参数量（6000 万）的 1/12，却可以达到远胜于 AlexNet 的准确率，可以说是非常优秀并且非常实用的模型。在 2014 年的竞赛中夺得了冠军，在随后的两年中一直改进，形成了 Inception V2、Inception V3、Inception V4 等版本。

3.4.2　Inception 模块

一般来说，提升网络性能最直接的办法就是增加网络深度和宽度，但一味地增加，会带来诸多问题：

（1）参数太多，如果训练数据集有限，很容易产生过拟合；

（2）网络越大、参数越多，计算复杂度越大，难以应用；

（3）网络越深，容易出现梯度弥散问题（梯度越往后穿越容易消失），难以优化模型。

我们希望在增加网络深度和宽度的同时减少参数，自然就想到将全连接变成稀疏连接。但是在实现上，全连接变成稀疏连接后实际计算效率并不会有质的提升，因为大部分硬件是针对密集矩阵计算优化的，稀疏矩阵虽然数据量少，但是计算所消耗的时间却很难减少。在这种需求和形势下，Google 研究人员提出了 Inception 的方法。

Inception 就是把多个卷积或池化操作放在一起组装成一个网络模块，设计神经网络时以模块为单位去组装整个网络结构，模块如图 3-16 所示。

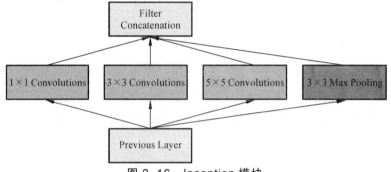

图 3-16　Inception 模块

在未使用这种方式的网络里，我们一层往往只使用一种操作，比如卷积或者池化，而且卷积操作的卷积核尺寸也是固定大小的。但是，在实际情况下，在不同尺度的图片里，需要不同大小的卷积核，这样才能使性能最好，对于同一张图片，不同尺寸的卷积核的表现效果是不一样的，因为它们的感受野不同。所以，我们希望让网络自己去选择，Inception 便能够满足这样的需求，一个 Inception 模块中并列提供多种卷积核的操作，网络在训练的过程中通过调节参数自己去选择使用。同时，由于网络中都需要池化操作，所以此处也把池化层并列加入网络中。

图 3-17 提供了一种 Inception 的结构，但是这个结构存在很多问题，是不能够直接使用的，首要问题就是参数太多，导致特征图厚度太大。为了解决这个问题，作者在其中加入了 1×1 的卷积核，改进后的 Inception 结构如图 3-17 所示。

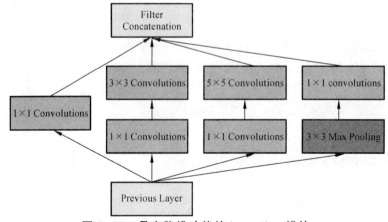

图 3-17　具有降维功能的 Inception 模块

这样做有两个好处：首先是大大减少了参数量；其次，增加的 1×1 卷积后面也会跟着有非线性激励，这样同时也能够提升网络的表达能力。

3.4.3 网络结构

在 Inception Module 中，通常 1×1 卷积的比例（输出通道数占比）最高，3×3 卷积和 5×5 卷积稍低。而在整个网络中，会有多个堆叠的 Inception Module，我们希望靠后的 Inception Module 可以捕捉更高阶的抽象特征，因此靠后的 Inception Module 的卷积空间集中度应该逐渐降低，这样可以捕获更大面积的特征。因此，越靠后的 Inception Module 中，33 和 55 这两个大面积的卷积核的占比（输出通道数）应该更多。

表 3-2　谷歌启发式架构

type	Patch size/stride	Output size	depth	#1×1	#3×3 reduce	#3×3	#5×5 reduce	#5×5	pool proj	params	ops
convolution	$7 \times 7/2$	$112 \times 112 \times 64$	1							2.7k	34M
max pool	$3 \times 3/2$	$56 \times 56 \times 64$	0								
convolution	$3 \times 3/1$	$56 \times 56 \times 192$	2		64	192				112k	360M
max pool	$3 \times 3/2$	$28 \times 28 \times 192$	0								
Inception(3a)		$28 \times 28 \times 256$	2	64	96	128	16	32	32	159k	128M
Inception(3b)		$28 \times 28 \times 480$	2	128	128	192	32	96	64	380k	304M
max pool	$3 \times 3/2$	$14 \times 14 \times 480$	0								
Inception(4a)		$14 \times 14 \times 512$	2	192	96	208	16	48	64	364k	73M
Inception(4b)		$14 \times 14 \times 512$	2	160	112	224	24	64	64	437k	88M
Inception(4c)		$14 \times 14 \times 512$	2	128	128	256	24	64	64	463k	100M
Inception(4d)		$14 \times 14 \times 528$	2	112	144	288	32	64	64	580k	119M
Inception(4e)		$14 \times 14 \times 832$	2	256	160	320	32	128	128	840k	170M
max pool	$3 \times 3/2$	$7 \times 7 \times 832$	0								
Inception(5a)		$7 \times 7 \times 832$	2	256	160	320	32	128	128	1072k	54M
Inception(5b)		$1 \times 1 \times 1\,024$	2	384	192	384	48	128	128	1388k	71M
Aug pool	$7 \times 7/1$	$1 \times 1 \times 1\,024$	0								
dropout(40%)		$1 \times 1 \times 1\,024$	0								
linear		$1 \times 1 \times 1\,000$	1							1000k	1M
softmax		$1 \times 1 \times 1\,000$	0								

InceptionNet 有 22 层，除了最后一层的输出，其中间节点的分类效果很好。因此在 InceptionNet 中，还使用到了辅助分类节点（Auxiliary Classifiers），即将中间某一层的输出用作分类，并按一个较小的权重（0.3）加到最终分类结果中。这样相当于做了模型融合，同时给网络增加了反向传播的梯度信号，也提供了额外的正则化，对于整个 InceptionNet 的训练很有裨益。InceptionV1 也使用了 Multi-Scale、Multi-Crop 等数据增强方法，并在不同的采样数据上训练了 7 个模型进行融合，得到了最后的 ILSVRC2014 的比赛成绩——top-5 错误率为 6.67%。

显然 GoogLeNet 采用了模块化的结构，方便增添和修改，网络最后采用了 Average Pooling 来代替全连接层，事实证明可以将 TOP1 accuracy（第一类别准确率）提高 0.6%。但是，实际在最后还是加了一个全连接层，主要是为了方便以后微调；虽然移除了全连接，但是网络中依然使用了 Dropout；为了避免梯度消失，网络额外增加了 2 个辅助的 Softmax 用于向前传导梯度（辅助分类器）。但在实际测试的时候，这两个额外的 Softmax 会被去掉。这里的辅助分类器只是在训练时使用，在正常预测时会被去掉。辅助分类器促进了更稳定的学习和更好的收敛，往往在接近训练结束时，辅助分支网络开始超越没有任何分支的网络的准确性，达到了更高的水平。

3.5 Xception

Xception[23]是 Google 公司继 Inception[24]后提出的对 InceptionV3[25]的另一种改进。它的主旨与 MobileNet 系列很像，即推动 Separable Convolution（可分离卷积）的使用。只是它直接以 InceptionV3 为参考，将 InceptionV3 的基本 Inception Module 替换为使用 Separable Convolution，又外加了 residualconnects（残差连接），最终模型在 ImageNet 等数据集上都取得了相比 InceptionV3 与 Resnet-152 更好的结果。当然其模型大小与计算效率相对 Inceptionv3 也取得了较大提高。

3.5.1 前期准备

1. 源码获取

扫描本书前言部分的二维码，即可获取源码。然后，按照 requirements 的要求配置好对应环境。

2. 数据集下载

在这里，我们将展示如何在 Caltech101 数据集（9 145 张图像，102 个类别）上训练 Xception 作为示例。

48

3.5.2 原理介绍

1. 从 Inception 模块到深度可分离卷积的演变

图 3-18 所示为一个典型的 Inception 模块，它的实现的基本假设就是 feature 在经卷积处理时可分别学习卷积通道间的关联关系与 feature 单个通道内部空间上的关联关系，为此 Inception Module 中使用了大量的 1×1 卷积来重视学习通道之间的关联，然后再分别使用 3×3、5×5 卷积去学习其不同维度上的单个通道内的空间上的关联；若我们基于以上 Inception 中用到的关联关系分离假设而只使用 3×3 卷积来表示单个通道内的空间关联关系，那么就可以得到图 3-19 表示的简化后了的 Inception 模块。

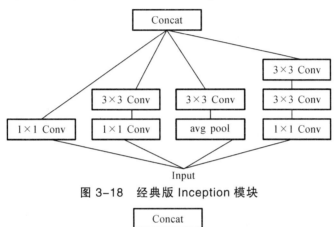

图 3-18　经典版 Inception 模块

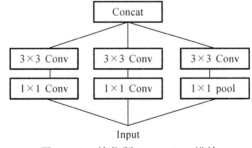

图 3-19　简化版 Inception 模块

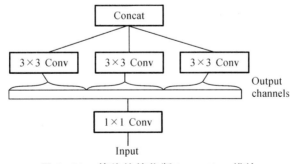

图 3-20　等价的简化版 Inception 模块

而本质上图 3-19 中表示的简化版 Inception 模块又可被表示为图 3-20 中的形式。可以看出，实质上它等价于先使用一个 3×3 卷积来学习 Input Feature Maps（输入特征图）之上通道间特征的关联关系，然后再将 1×1 卷积输出的 Feature Maps 进行分割，分别交由下面的若干个 3×3 卷积来处理其内的空间上元素的关联关系。

更进一步，直接将每个通道上的空间关联分别使用一个相应的 3×3 卷积来单独处理，如此就得到了图 3-21 中所示的深度可分离卷积。

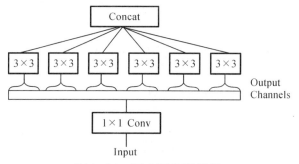

图 3-21　深度可分离卷积

2. Xception 架构

图 3-22 所示中为 Xception 结构的表示，它就是由 InceptionV3 直接演变而来，其中引入了 Residual Learning（残差学习）的结构（相关实验表明 Residual Learning 在 CNN 模型中的使用可带来收敛速度的加快）。

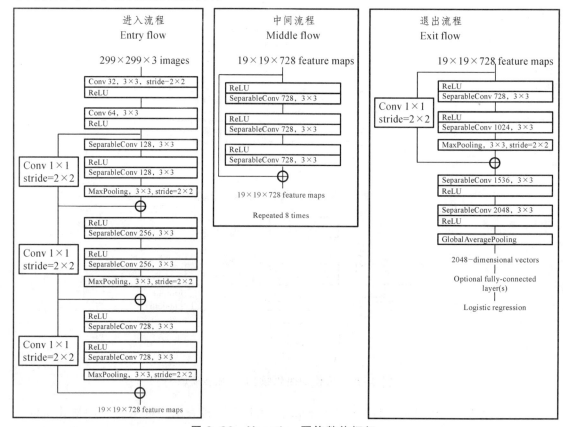

图 3-22　Xception 网络整体框架

同复杂的 Inception 系列模型一样，它也引入了 Entry（进入）、Middle（中间）、Exit（退出）三个 flow（流程），每个 flow 内部使用不同的重复模块，当然最核心的属于中间不断分析、过滤特征的 Middle flow。

Entry flow 主要是用来不断下采样，减小空间维度；Middle flow 则是不断学习关联关系，优化特征；Exit flow 则是汇总、整理特征，用于交由全连接层来进行表达。

3.5.3 实训流程

1. 网络训练准备

创建一个文本文件 classes.txt，其中逐行列出所有类名。对于 Caltech101 数据集，解压后 101_ObjectCategories 文件夹下共有 102 个子文件夹，这些子文件夹名即为类名。

在 cmd 窗口下，修改当前目录为"···/caltech-101/101_ObjectCategories"目录，然后在 cmd 窗口中输入以下命令即可生成所需文件：

>dir/b>classes.txt

2. 分类模型训练

在部署好的环境中输入以下命令进行模型训练：

>python fine_tune.py101_ObjectCategories/ classes.txt result/

在第一个训练阶段，只对模型的顶级分类器进行 5 个 epoch（轮次）的训练。在第二个训练阶段，整个模型以较低的学习率训练 50 个 epoch。所有结果数据（序列化模型文件和图形）都将保存目录 result/ 下。

3. 分类模型推理

在部署好的环境中输入以下命令进行模型推理：

>pythonin ference.py result/model_fine_final.h5 classes.txt images/airplane.jpg

其中，result/model_fine_final.h5 为上一步分类模型训练过程产生的权重文件，images/airplane.jpg 为示例图像，如图 3-23 所示，可从网上下载。输出结果如图 3-24 所示。

图 3-23　输入图像

```
Top 1 ===================
Class name: airplanes
Probability: 99.98%
Top 2 ===================
Class name: BACKGROUND_Google
Probability: 0.01%
Top 3 Class name: helicopter
Probability: 0.01%
Top 4 ===================
Class name: stapler
Probability: 0.00%
Top 5 ===================
Class name: ceiling_fan
Probability: 0.00%
Top 6 ===================
Class name: mandolin
Probability: 0.00%
Top 7 ===================
Class name: watch
Probability: 0.00%
Top 8 ===================
Class name: wrench
Probability: 0.00%
Top 9 ===================
Class name: crocodile
Probability: 0.00%
Top 10 ===================
Class name: revolver
Probability: 0.00%
```

图 3-24　输出结果

4．训练自己的数据集

1）制作数据集

准备一个与 Caltech101 数据集具有相同结构的目录，如图 3-25 所示。

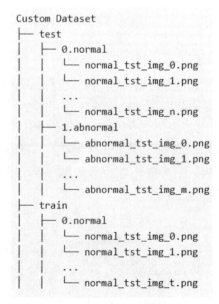

图 3-25　数据集制作

上面的示例数据集共有 3 个类别和 5 张图像，每个类名必须是唯一的，但图像文件可以是任何名称。

2）制作 classcs.txt

创建一个文本文件 classes.txt，其中逐行列出所有类名。在 cmd 窗口下，修改当前目录为 "…/caltech-101/101_ObjectCategories"，输入以下命令即可生成所需文件。

>dir/b >classes.txt

3）开始训练模型

>python fine_tune.py root/classes.txt <result_root> [epochs_pre] [epoch_fine] [batch_size_pre] [batch_size_fine] [lr_pre][lr_fine] [snapshot_period_pre] [snapshot_period_fine]

注意：<>为必选项，[]为可选项。

<result_root>：将保存所有结果数据的目录的路径。

[epochs_pre]：训练第一阶段的 epoch 数目（默认：5）。

[epochs_fine]：第二个训练阶段的 epoch 数（默认：50）。

[batch_size_pre]：第一个训练阶段的批量大小（默认值：32）。

[batch_size_fine]：第二个训练阶段的批量大小（默认值：16）。

[lr_pre]：第一个训练阶段的学习率（默认值：1e-3）。

[lr_fine]：第二个训练阶段的学习率（默认值：1e-4）。

[snapshot_period_pre]：第一个训练阶段的快照周期（默认值：1）。在每个指定的时期，一个序列化的模型文件将保存在 <result_root>下。

[snapshot_period_fine]：第二个训练阶段的快照周期（默认值：1）。

3.6 EfficientNet

单独适当增大深度（depth）、宽度（width）或分辨率（resolution）都可以提高网络的精确性，但随着模型的增大，其精度增益却会降低。此外，这三个维度并不是独立的（如高分辨率图像需要更深的网络来获取更细粒度特征等），需要我们协调和平衡不同尺度的缩放，而不是传统的一维缩放。EfficientNet[26]的目标就是设计一个标准化的卷积网络扩展方法，既可以实现较高的准确率，又可以充分节省算力资源，其通过 NAS（Neural Architecture Search，神经架构搜索）[27]技术来搜索网络的图像输入分辨率 r，网络的深度 d 以及 channel 的宽度 w 三个参数的合理化配置。

3.6.1 前期准备

1. 源码获取

扫描本书前言部分的二维码，即可获取源码。进入 EfficientNet-Pytorch 目录，在虚拟环境中执行 pipinstall -e .来安装 efficientnet_pytorch。

2. 数据集下载

下载 ImageNet，并将其放在 EfficientNet-PyTorch 目录下的 examples/imagenet/data/子目录下的 train 和 val 文件夹中。

3.6.2　原理介绍

1. NAS 技术简介

增加网络的深度能够得到更加丰富、复杂的特征并且能够很好地应用到其他任务中。但网络的深度过深会面临梯度消失、训练困难的问题。

增加网络的宽度够获得更高细粒度的特征并且也更容易训练，但对于宽度很大而深度较浅的网络往往很难学习到更深层次的特征。

增加输入网络的图像分辨率能够潜在地获得更高细粒度的特征模板，但对于非常高的输入分辨率，准确率的增益也会减小，并且大分辨率图像会增加计算量。

对于一个网络模型，第 i 个层的操作可以看成映射函数：

$$Y_i = F_i(x_i) \tag{3.9}$$

若网络 N 由 k 个层组成，则可表示为

$$N = F_k \odot \cdots \odot F_2 \odot F_1(X_1) = \underset{j=1\cdots k}{\odot} F_i(X_1) \tag{3.10}$$

对整个网络的运算进行抽象：

$$N = \underset{j=1\cdots s}{\odot} F_i^{L_i}(X_{<H_i,W_i,C_i>}) \tag{3.11}$$

式中，$F_i^{L_i}$ 表示在 $stage^{(i)}$ 中 F_i 被重复执行了 L_i 次；X 表示输入 $stage^{(i)}$ 的特征矩阵，其维度是 H_i,W_i,C_i。为了探究 d，r，w 这三个因子对最终准确率的影响，则将 d，r，w 加入公式中，可得到抽象化后的优化问题：

$$\underset{d,w,r}{\max} \, Accuracy(N(d,w,r)) \tag{3.12}$$

$$\text{s.t. } N(d,w,r) = \underset{j=1\dots s}{\odot} F_i^{\hat{d}\cdot(\hat{L}_i)}(X_{<r\cdot\hat{H}_i,r\cdot\hat{W}_i,w\cdot\hat{C}_i>}) \tag{3.13}$$

$$Memory(N) \leqslant target\_memory \tag{3.14}$$

$$FLOPS(N) \leqslant target\_flops \tag{3.15}$$

式中，d 用来缩放深度 $\hat{L}_i$，r 用来缩放分辨率即影响 $\hat{H}_i$ 和 $\hat{W}_i$，w 用来缩放特征矩阵的 channel 即 $\hat{C}_i$。

然后使用一种混合缩放方法（Compound Scaling Method），在这个方法中使用了一个混

合因子 ϕ 去统一地缩放 width，depth，resolution 参数，具体的计算公式如下：

$$depth : d = \alpha^{\phi} \tag{3.16}$$

$$width : w = \beta^{\phi} \tag{3.17}$$

$$resolution : r = \gamma^{\phi} \tag{3.18}$$

$$s.t. \; \alpha \cdot \beta^2 \cdot \gamma^2 \approx 2\alpha \geq 1, \beta \geq 1, \gamma \geq 1 \tag{3.19}$$

对于 FLOPS（理论计算量），depth 翻一倍，FLOPS 也翻一倍；width 或 resolution 翻倍，则 FLOPS 翻四倍（平方）。总的 FLOPS 倍率可以用近似用 $\alpha \cdot \beta^2 \cdot \gamma^2$ 来表示，当限制 $\alpha \cdot \beta^2 \cdot \gamma^2 \approx 2$ 时，对于任意一个 ϕ 而言 FLOPS 相当增加了 2ϕ 倍。对于不同的基准网络搜索出的 α，β，γ 也不一定相同。

2. EfficientNet-B0 网络框架

表 3-3 所示为 EfficientNet-B0 的网络框架（B1 ~ B7 就是在 B0 的基础上修改 Resolution、Channels 和 Layers），Stage1 就是一个卷积核大小为 3×3、Stride 为 2 的普通卷积层（包含 BN 和激活函数 Swish），Stage2 ~ Stage8 都是在重复堆叠 MBConv 结构（最后一列的 Layers 表示该 Stage 重复 MBConv 结构多少次），而 Stage9 由一个普通的 1×1 卷积层（包含 BN 和激活函数 Swish）、一个平均池化层和一个全连接层组成。表格中每个 MBConv 后会跟一个数字 1 或 6，这里的 1 或 6 就是倍率因子 n，即 MBConv 中第一个 1×1 的卷积层会将输入特征矩阵的 channels 扩充为 n 倍，其中 k3 $\times$ 3 或 k5 $\times$ 5 表示 MBConv 中 Depthwise Conv（深度卷积）所采用的卷积核大小。Channels 表示通过该 Stage 后输出特征矩阵的 Channels。

表 3-3　Efficient Net-B0 的网络框架

stage (i)	Operator($\hat{F}_i$)	Resolution($\hat{H}_i \times \hat{W}_i$)	#Channels($\hat{C}_i$)	#Layers($\hat{L}_i$)
1	Conv3$\times$3	224x$\times$24	32	1
2	MBConv1，k3$\times$3	112$\times$112	16	1
3	MBConv6，k3$\times$3	112$\times$112	24	2
4	MBConv1，k3$\times$3	56$\times$56	40	2
5	MBConv1，k3$\times$3	28$\times$28	80	3
6	MBConv1，k3$\times$3	14$\times$14	112	3
7	MBConv1，k3$\times$3	14$\times$14	192	4
8	MBConv1，k3$\times$3	7$\times$7	320	1
9	MBConv1，k3$\times$3	7$\times$7	1 280	1

如图 3-26 所示，MBConv 结构主要由一个 1×1 的普通卷积（升维作用），一个 $k \times k$ 的 Depthwise Conv 卷积。k 的具体值主要有 3×3 和 5×5 两种情况，一个 SE 模块，一个 1×1 的普通卷积（降维作用），一个 Droupout 层构成。

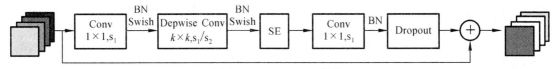

图 3-26 MBConv 结构

第一个升维的 1×1 卷积层，它的卷积核个数是输入特征矩阵的通道数的 n 倍，$n \in \{1,6\}$。当 $n = 1$ 时，不要第一个升维的 1×1 卷积层，即 Stage2 中的 MBConv 结构都没有第一个升维的 1×1 卷积层。仅当输入 MBConv 结构的特征矩阵与输出的特征矩阵 shape 相同时才存在 shortcut（直接）连接。

3.6.3 实训流程

下文将使用 EfficientNet 模型来进行一个分类任务。examples/simple/目录下，存在一个 img.jpg 图像文件和一个 labels_map.txt 文件(包含类名)。

1. 加载预训练模型

运行以下代码加载 EfficientNet 预训练模型：

```
Import json
from PIL import Image
import torch
from torchvision import transforms
from efficientnet_pytorch import EfficientNet
model=EfficientNet.from_pretrained('efficientnet-b0')
```

2. 图像预处理

对图像预处理，输入图像如图 3-27 所示。

图 3-27 输入分类图像

运行以下代码对输入图像预处理：

```
tfms=transforms.Compose([transforms.Resize(224),  transforms.ToTensor(),  transforms.Normalize([0.485, 0.456, 0.406], [0.229, 0.224, 0.225]),])
img= tfms(Image.open( 'img.jpg')).unsqueeze(0)
print(img.shape) # torch .Size([1, 3, 224, 224])
```

3. 加载 ImageNet 类名文件

运行以下代码加载 ImageNet 类名文件：

labels_map= json.load(open('labels_map.txt '))

labels_map=[labels_map[str(i)] **for** i **in** range(1000)]

4. 图像分类

运行以下代码执行图像分类：

model.eval()

with torch.no_grad():

outputs= model(img)

5. 输出预测结果

运行以下代码打印分类指标：

print('----- ')

for idx **in** torch.topk(outputs, k=5).indices.squeeze(0).tolist():

prob= torch.softmax(outputs, dim=1)[0, idx].item()

print('{label:<75} ({p: .2f}%) '.format(label=labels_map[idx], p=prob*100))

终端输出结果如图 3-28 所示。

```
Loaded pretrained weights for efficientnet-b0
-----
giant panda, panda, panda bear, coon bear, Ailuropoda melanoleuca    (90.04%)
ice bear, polar bear, Ursus Maritimus, Thalarctos maritimus          (0.62%)
lesser panda, red panda, panda, bear cat, cat bear, Ailurus fulgens  (0.19%)
soccer ball                                                          (0.14%)
badger                                                               (0.10%)
```

图 3-28　输出结果

第三部分

热门 AI 项目复现

4 项目一 基于神经网络的气温预测

神经网络是一门重要的机器学习技术。它是目前最为火热的研究方向——深度学习的基础。学习神经网络不仅可以掌握一门强大的机器学习方法，同时也可以更好地帮助你理解深度学习技术。本文以天气时间序列数据集为例，讨论如何使用深度学习模型预测未来天气温度。

4.1 前期准备

4.1.1 基本环境

在实现前，先安装并导入如下的包：

import numpy as np
import pandas as pd
import matplotlib.pyplot as plt
import torch
import torch.optim as optim
import warnings
warnings.filterwarnings("ignore")
%matplotlib inline

安装上述库可以使用 Anaconda 搭建自己的环境进行安装。建议选择 JupyterNotebook 交互式编程平台进行代码编写，该平台可以运行代码、查看结果，然后重复数据之间的循环和迭代。同学们也可以选择 pycharm 等编译器来完成本次实训。

4.1.2 数据集下载

读者可通过公共数据集仓库下载所需的数据集。

4.2 原理介绍

4.2.1 线性回归

在深度学习中，我们经常能够遇见两个术语：回归和分类。这两者的区别就是：回归是根据以往的经验来预测未来的趋势或走向，比如说经典的房价预测问题；而分类是根据以往的经验来预测下一个东西是属于什么，经典的就是二分类问题。从宏观上来看，回归是相对于连续的，而分类是相对于离散的。

4.2.2 线性回归的基本元素

线性回归基于几个简单的假设：首先，假设自变量 x 和因变量 y 之间的关系是线性的，即 y 可以表示为 x 中元素的加权和，这里通常允许包含观测值的一些噪声；其次，我们假设任何噪声都比较正常，如噪声遵循正态分布。

为了解释线性回归，举一个实际的例子，我们希望根据房屋的面积和房龄来估算房屋的价格。为了开发一个能够预测房价的模型，我们需要收集一个真实的数据集，这个数据集包括了以往房屋的预售价格、面积和房龄。

在机器学习的术语中，我们把训练房价模型的数据集叫作训练数据集（Training Dataset）或训练集（Training Set）。每行数据用数据库的术语称为元组，这里称为样本，也可以称为数据样本（Training Instance）或者数据点（Data Point）。我们把预测的目标（房屋价格）称为标签（Label）或者目标（Target）。预测所依据的自变量（面积和房龄）称为特征（feature）或者协变量（covariate）。

4.2.3 线性模型

线性假设是指目标可以表示为特征的加权和，也就是我们高中所熟悉的一元线性函数 $y = kx + b$，只是在深度学习中，我们换成了 $y = w_1x_1 + w_2x_2... + b$，其中 w_i 叫作权重（weight），b 叫作截距（intercept）。b 在高中数学中叫截距比较多一点，但是在深度学习中它通常被叫作偏置（bias）。偏置是指当前所有特征都取值为 0 时，预测值应该为多少。虽然特征取值为 0 可能在我们说的预测房价的例子中并不存在，但是这里仍然需要偏置，因为如果没有偏置那模型会受到限制。

严格来说，如果应用到房价预测的例子上，我们可以写出这样的式子：$price = w_{area} \cdot area + w_{age} \cdot age + b$。如果是单纯的一个特征就写一个 x，那么式子就会变为：$y = w_1x_1 + w_2x_2 + ...w_nx_n + b$，这样的话实际上不利于我们计算，而且不简洁。根据线性代数学过的知识，我们知道可以用向量存放特征，即 $X = \{x_1, x_2, x_3, \cdots, x_n\}$，当然，这仅仅是一个样本，如果是多样本的话，我们可以用矩阵来放。X 的每一行都是一个样本，每一列是一种特征。

同样地我们也把权重 w_i 放进矩阵，那么模型简化为：$\hat{y} = w^T x + b$。在我们给定训练数据 x 和对应的已知标签 y 后，线性回归的目标就是找到一组权重向量 w 和偏置 b，找到后这个模型就确定下来了；当有新的 x 进来后，这个模型预测的 y 能够和真实的 y 尽可能地接近。

4.3 实 训 流 程

本次实训是根据文档天气数据并利用 pytorch 神经网络模型来预测气温情况。

4.3.1 数据预处理

把提前下载好的数据集加载进去，并且查看前五行以及特征，方便后续处理：

features=pd.read_csv('temps.csv')

#看看数据长什么样子

features.head()

查看数据有多少，即查看维度：

print('数据维度:',features.shape)

注意到这里有很多关于时间的特征，我们将其处理为时间序列：

#处理时间数据

import datetime

#分别得到年，月，日

years=features['year']

months=features['month']

days=features['day']

#datetime 格式

dates=[str(int(year))+'-'+str(int(month))+'-'+str(int(day)) **for** year,month,day **in** zip(years,months,days)]

dates=[datetime.datetime.strptime(date,'%Y-%m-%d') **for** date **in** dates]

dates[:5]

将昨天，前天，实际，以及朋友预测的气温变化利用折线图的形式表现出来。

```
#准备画图
#指定默认风格
plt.style.use('fivethirtyeight')
#设置布局
fig,((ax1,ax2),(ax3,ax4))=plt.subplots(nrows=2,ncols=2,figsize=(10,10))
fig.autofmt_xdate(rotation=45)
#标签值
ax1.plot(dates,features['actual'])
ax1.set_xlabel('');ax1.set_ylabel('Temperature');ax1.set_title('MaxTemp')
#昨天
ax2.plot(dates,features['temp_1'])
ax2.set_xlabel('');ax2.set_ylabel('Temperature');ax2.set_title('PreviousMaxTemp')
#前天
ax3.plot(dates,features['temp_2'])
ax3.set_xlabel('Date');ax3.set_ylabel('Temperature');ax3.set_title('TwoDaysPrior MaxTemp')
#我的朋友
ax4.plot(dates,features['friend'])
ax4.set_xlabel('Date');ax4.set_ylabel('Temperature');ax4.set_title('FriendEstimate')
plt.tight_layout(pad=2)
```

除此之外，我们还注意到数据中的 week 特征为字符串，字符串不能被处理，必须将其转换为可处理的类型，这里将其转换为独热编码：

```
#独热编码
features=pd.get_dummies(features)
features.head(5)
```

要预测当天的气温，我们应该把 actual 看作标签项，提取出来。

```
#标签
labels=np.array(features['actual'])
#在特征中去掉标签
features=features.drop('actual',axis=1)
#名字单独保存一下，以备后患
feature_list=list(features.columns)
#转换成合适的格式
features=np.array(features)
```

查看一下训练集的大小：

features.shape

再次观察数据，有些特征的数据数值很大，有些则很小，这里需要做标准化。我们可以利用 sklearn 的库来进行标准化：

from sklearn import preprocessing
input_features=preprocessing.StandardScaler().fit_transform(features)

input_features[0]

4.3.2　搭建网络模型

我们需要将输出到网络模型中的数据转换为网络能接受的张量格式：

x=torch.tensor(input_features,dtype=float)
y=torch.tensor(labels,dtype=float)

实训打算搭建具有一个隐藏层的多层感知机，为此，我们设定两个线性模型及参数，并且随机初始化它们。观察训练集的特征为 14，所以输出层的 w 必须是$(14, m)$，其中 m 随意指定为 128，意为将 14 个输入特征转化为隐藏层的 128 个隐藏特征。由矩阵乘法可以得出的矩阵为 348×128，所以我们的 biases 指定为(128×1)。隐藏层同理。

```
#权重参数初始化
weights=torch.randn((14,128),dtype=float,requires_grad=True)
biases=torch.randn(128,dtype=float,requires_grad=True)
weights2=torch.randn((128,1),dtype=float,requires_grad=True)
biases2=torch.randn(1,dtype=float,requires_grad=True)
```

还要指定学习率和存放每次计算所得损失的列表：

```
learning_rate = 0.001
losses = []
```

做完上述工作，下面开始对网络模型进行梯度下降：

```
for i in range(1000):
    #计算隐层
    hidden=x.mm(weights)+biases
    #加入激活函数
    hidden=torch.relu(hidden)
    #预测结果
```

```
predictions=hidden.mm(weights2)+biases2
#通计算损失
loss=torch.mean((predictions-y)**2)
losses.append(loss.data.numpy())

#打印损失值
if i%100==0:
    print('loss:',loss)
#反向传播计算
loss.backward()

#更新参数
weights.data.add_(-learning_rate*weights.grad.data)
biases.data.add_(-learning_rate*biases.grad.data)
weights2.data.add_(-learning_rate*weights2.grad.data)
biases2.data.add_(-learning_rate*biases2.grad.data)

#每次迭代都得清空
weights.grad.data.zero_()
biases.grad.data.zero_()
weights2.grad.data.zero_()
biases2.grad.data.zero_()
```

至此，训练模型完毕。以上就是一个简单的网络模型搭建过程。

4.3.3 预测训练结果

我们可以尝试用下面的代码去评估：

```
x=torch.tensor(input_features,dtype=torch.float)
predict=my_nn(x).data.numpy()
#转换日期格式
dates=[str(int(year))+'-'+str(int(month))+'-'+str(int(day)) for year,month, day in zip(years, months,days)]
dates=[datetime.datetime.strptime(date,'%Y-%m-%d') for date in dates]
#创建一个表格来存日期和其对应的标签数值
true_data=pd.DataFrame(data={'date':dates,'actual':labels})
#同理，再创建一个来存日期和其对应的模型预测值
months=features[:,feature_list.index('month')]
```

```
days=features[:,feature_list.index('day')]
years=features[:,feature_list.index('year')]
test_dates=[str(int(year))+'-'+str(int(month))+'-'+str(int(day)) for year,month,day in zip(years,
months,days)]
test_dates=[datetime.datetime.strptime(date,'%Y-%m-%d') for date in test_dates]
predictions_data=pd.DataFrame(data={'date':test_dates,'prediction':predict.
reshape(-1)})
#真实值
plt.plot(true_data['date'],true_data['actual'],'b-',label='actual')
#预测值
plt.plot(predictions_data['date'],predictions_data['prediction'],'ro',label='prediction')
plt.xticks(rotation='60');
plt.legend()
#图名
plt.xlabel('Date');plt.ylabel('MaximumTemperature(F)');plt.title('ActualandPredictedValues');
```

如图 4-1 所示，我们的模型拟合能力效果还是不错的。

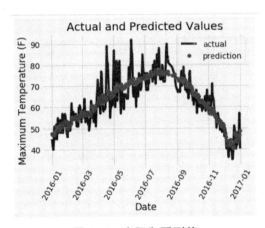

图 4-1　实际和预测值

4.4　总结展望

自从学习了深度学习之后，同学们应该发现了需要学习的东西很多，到目前为止已经差不多从零开始学习了如何使用 Python 和 NumPy 实现深度学习算法。但你会发现，我们自己的模型越来越不实用了，除非对模型进行改进，应用更复杂的模型，例如卷积神经网络或循环神经网络，也可以应用更大的模型，至少对大多数人而言，从零开始全部靠自己

实现并不现实，尤其是做项目或者做课题等。

　　幸运的是，现在有很多非常好并且成熟的深度学习软件框架，可以帮助实现这些模型。它可以做矩阵乘法，并且在建立很大的应用时，通过一个数值线性代数库，就可更高效地实现矩阵乘法。总之利用一些深度学习框架会更加实用，会使工作更加有效。目前，TensorFlow 在大多数工业领域仍然处于领先地位，PyTorch 更被学术界钟爱，但 PyTorch 正在取得进展并逐渐缩小和 TensorFlow 的差距。

　　希望同学们通过本次实训课程，能够初步了解 PyTorch 深度学习框架的基础语法，并在后期能够进一步深入了解，尝试去复现目前主流的深度学习的网络，并在开源的基础上做一些工程应用。

5 项目二 基于 DeeplabV3 的语义分割

语义分割结合了图像分类、目标检测和图像分割，通过一定的方法将图像分割成具有一定语义含义的区域块，并识别出每个区域块的语义类别，实现从底层到高层的语义推理过程，最终得到一幅具有逐像素语义标注的分割图像。DeeplabV3[29]是一款很经典的语义分割模型，它使语义分割达到了新高峰，融合了许多先进的技术。本章介绍了如何使用DeepLabV3 模型来实现语义分割的整个流程。

5.1 前期准备

5.1.1 源码获取

扫描本书前言部分的二维码，即可获取源码。然后，按照 requirements 的要求配置好对应环境。

5.1.2 数据集下载

常用的语义分割数据集有 COCO、VOC、Cityscapes、ADE20K 等，作为入门，建议从 VOC 和 COCO 开始了解，而大多数开源框架也会支持这两种数据集，均可在网上自行下载。

5.2 原理介绍

5.2.1 什么是语义分割

语义分割（Semantic Segmentation）是图像处理和机器视觉一个重要分支，其目标是精确理解图像场景与内容。语义分割是在像素级别上的分类，属于同一类的像素都要被归为一类，因此语义分割是从像素级别来理解图像的。如图 5-1 所示的图片，属于人的像素部分被划分成一类，属于摩托车的像素被划分成另一类，背景像素又被划分为单独一类。

（a）　　　　　　　　　　（b）

图 5-1　语义分割

5.2.2　DeepLabV3+模型

DeepLabV3+的语义分割效果非常好，主要在模型的架构上做了创新，为了融合多尺度信息，其引入了语义分割常用的 Encoder-Decoder 形式。在 Encoder-Decoder 架构中，引入可任意控制编码器提取特征的分辨率，通过空洞卷积平衡精度和耗时。原理如图 5-2 所示。

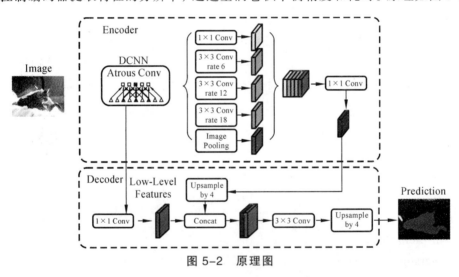

图 5-2　原理图

在原理图中，整个执行过程如下：

（1）一张图片 A，送进改造过后的主流深度卷积网络 B（DCNN，加入了一个空洞卷积 AtrousConv）提取特征，得到高级语义特征 C 和低级语义特征 G。

（2）高级语义特征 C 进入到空洞金字塔池化模块 ASPP，分别与四个空洞卷积层和一个池化层进行卷积和池化，得到五个特征图，然后连接成五层 D；D 再通过一个 1×1 的卷积进行运算后得到 E；E 再经过上采样得到 F。

（3）通过在深度卷积网络层找到一个与 F 分辨率相同的低级语义特征图 G；经过 1×1 卷积进行降通道数使之与 F 所占通道比重一样，更有利于模型学习。

（4）合并成 H，然后再通过一个 3×3 细化卷积进行细化，后通过四倍双线性上采样，得到预测结果。

5.3 实 训 流 程

5.3.1 数据集制作

1. 准备标注工具

这里需要用到一个标注工具：labelme。

在 Python 虚拟环境中，可以用 pip 直接安装：

pipinstalllabelme

安装成功后，通过以下命令查看帮助：

labelme-h

显示如下内容表示安装成功：

```
usage:labelme[-h][--version][--reset-config]
              [--logger-level{debug,info,warning,fatal,error}]
              [--outputOUTPUT][--configCONFIG][--nodata][--autosave]
              [--nosortlabels][--flagsFLAGS][--labelflagsLABEL_FLAGS]
              [--labelsLABELS][--validatelabel{exact}][--keep-prev]
              [--epsilonEPSILON]
              [filename]
positional arguments:
    filename image or label filename

optional arguments:
    -h,--help show this help message and exit
    --version,-V show version
    --reset-config reset qt config
--logger-level{debug,info,warning,fatal,error}
              loggerlevel
--outputOUTPUT,-OOUTPUT,-oOUTPUT
              Output file or directory(if it ends with .json it is recognized as file, else as directory)
--config CONFIG  config file or yaml-format string(default: C:\Users\..\.labelmerc)
--nodata          stop storing image data to JSONfile
--autosave        auto save
```

--nosortlabels   stop sorting labels

--flags FLAGS   commaseparated list of flags OR file containing flags

--labelflags LABEL_FLAGS

            yaml string of labelspecific flags OR file containing

            json string of labelspecific flags (ex.{person-\d+:

            [male,tall], dog-\d+:[black,brown,white],.*:

            [occluded]})

--labels LABELS commaseparated list of labels OR file containing labels

--validatelabel{exact}   label validation types

--keep-prev   keep annotation of previous frame

--epsilon EPSILON epsilon to find nearest vertex on canvas

2. 准备待标注的原始数据

原始数据应当是图片格式，建议放在一个统一的文件夹中，如名为"imgs"的文件夹；然后，建议新建一个文件夹用于存放各个图片对应的 label，也即 json 文件；最后，应当新建一个 TXT 文档(labels.txt)用于指明标注的类别。数据存放目录如图 5-3 所示。

名称	修改日期	类型	大小
imgs	2021/2/3 11:18	文件夹	
jsons	2021/2/3 14:43	文件夹	
labels.txt	2020/9/14 16:46	文本文档	1 KB

图 5-3 数据存放目录

其中，labels.txt 中的内容如下：

__ignore__

background

classA

classB

classC

前两项是必须的，后面几项根据用户的类别来设定，有几类就写明几类。**labels.txt** 提前设定好的目的是在标注时让工具已经知道有这些类别，用户只需进行选择。

3. 开始标注

先进入到图 5-3 所示的目录下：

cdpath/to/root_path_of_dataset

然后，启动 labelme 进行标注：

labelmeimgs--outputjsons--nodata--autosave--labelslabels.txt

接着就是一张一张的标注了。按"Ctrl+N"，然后逐点勾勒出目标的轮廓，形成一个闭环即为完成一个实例的标注，如图 5-4 所示。

图 5-4 标注界面

每标完一张图片，就会生成一个对应的 json 文件，其中存放着我们标注的轮廓上各个点的坐标，以及该图片的一些基本信息；该 json 文件会存放到我们所制定的名为 "json" 的文件夹中。

4. 转为 VOC 格式

我们标注完毕后，得到的是一堆 json 格式文件，为了可以像 VOC 数据集那样每张原图对应一个 png 格式的 mask 图片，我们需要对标注完的数据集进行转换，从 labelme 到 VOC。修改如下代码在 PyCharm 上运行，转化为 VOC 格式。

```
from__future__import print_function

import argparse
import glob
import os
import os.path as osp
import sys

import imgviz
import numpy as np
import labelme

def main(args):
    if osp.exists(args.output_dir):
```

```python
                print("Output directory already exists:",args.output_dir)
                sys.exit(1)
        os.makedirs(args.output_dir)
        os.makedirs(osp.join(args.output_dir,"JPEGImages"))
        os.makedirs(osp.join(args.output_dir,"SegmentationClassnpy"))
        os.makedirs(osp.join(args.output_dir,"SegmentationClass"))
        if not args.noviz:
            os.makedirs(
                osp.join(args.output_dir,"SegmentationClassVisualization")
            )
    print("Creatingdataset:",args.output_dir)

    class_names=[]
    class_name_to_id={}
    for i, line in enumerate(open(args.labels).readlines()):
        class_id=i-1#startswith-1
        class_name=line.strip()
        class_name_to_id[class_name]=class_id
        if class_id==-1:
            assert class_name=="__ignore__"
            continue
        elif class_id==0:
            assert class_name=="_background_"
        class_names.append(class_name)
    class_names=tuple(class_names)
    print("class_names:",class_names)
    out_class_names_file=osp.join(args.output_dir,"class_names.txt") with open(out_class_names_
file,"w") as f:
        f.writelines("\n".join(class_names))
    print("Savedclass_names:",out_class_names_file)

    for filename in glob.glob(osp.join(args.input_dir,"*.json")):
        print("Generatingdatasetfrom:",filename)

        label_file=labelme.LabelFile(filename=filename)

        base=osp.splitext(osp.basename(filename))[0]
        out_img_file=osp.join(args.output_dir,"JPEGImages",base+".jpg")
        out_lbl_file=osp.join(
        args.output_dir,"SegmentationClassnpy",base+".npy"
```

```
        )
        out_png_file=osp.join(
            args.output_dir,"SegmentationClass",base+".png"
        )
        if not args.noviz:
            out_viz_file=osp.join(
                args.output_dir,
                "SegmentationClassVisualization",
                base+".jpg",
            )

        with open(out_img_file,"wb") as f:
            f.write(label_file.imageData)
img=labelme.utils.img_data_to_arr(label_file.imageData)
        lbl,_=labelme.utils.shapes_to_label(
            img_shape=img.shape,
            shapes=label_file.shapes,
            label_name_to_value=class_name_to_id,
        )
        labelme.utils.lblsave(out_png_file,lbl)

        np.save(out_lbl_file,lbl)

        if not args.noviz:
            viz=imgviz.label2rgb(
                label=lbl,
                #img=imgviz.rgb2gray(img),
                img=img,
                font_size=15,
                label_names=class_names,
                loc="rb",
            )
            imgviz.io.imsave(out_viz_file,viz)
def get_args():
    parser=argparse.ArgumentParser()
    parser.add_argument("--input_dir",default="../edge_fence_20210203/jsons",type=str,
    help="inputannotateddirectory")
    parser.add_argument("--output_dir",default="../edge_fence_20210203_voc",type=str,help=
"outputdatasetdirectory")
```

```
parser.add_argument("--labels",default="../edge_fence_20210203/labels.txt",type=str,help
="labelsfile")
parser.add_argument("--noviz",help="novisualization",action="store_true")
args=parser.parse_args()
return args

if __name__=="__main__":
    args=get_args()
main(args)
```

利用以上代码可以将标注完毕的数据集转化为 VOC 格式，其目录结构形如图 5-5 所示。

名称	修改日期	类型	大小
JPEGImages	2021/2/3 15:28	文件夹	
SegmentationClass	2021/2/3 15:28	文件夹	
SegmentationClassnpy	2021/2/3 15:28	文件夹	
SegmentationClassVisualization	2021/2/3 15:28	文件夹	
class_names.txt	2021/2/3 15:28	文本文档	1 KB

图 5-5　目录结构

图中，JPEGImages 中存放的是原图，SegmentationClass 中存放的是 png 格式 mask，SegmentationClassnpy 存放的是 numpy 格式的 mask，SegmentationClassVisualization 是将 mask 叠加到原图得到的可视化结果，class_names.txt 存放的是类别名（包括背景和各个类）。

5.3.2　模型训练

1. 参数调整

该开源代码包含了多个分割网络，如 FCN、U-Net、PSPNet、DeepLabV3+，均可通过配置相应参数来使用。为了统一配置我们的训练参数，该开源代码做了一个配置文件（pytorch_segmentation/config.json），里面可以配置网络的 backbone（主干网络）、分割模型、数据集、优化器、loss（损失函数）以及其他超参数。我们这里使用的数据集是 VOC 类型的，然后用的模型为 DeepLabV3+，总的配置如下：

```
{
    "name":"DeepLabv3_plus",
    "n_gpu":1,
    "use_synch_bn":true,

    "arch":{
        "type":"DeepLab",
        "args":{
```

```
            "backbone":"resnet101",
            "freeze_bn":false,
            "freeze_backbone":false
        }
    },
    "train_loader":{
        "type":"MyVOC",
        "args":{
            "data_dir":"D：/dataset/my_dataset",
            "batch_size":4,
            "base_size":718,
            "crop_size":718,
            "augment":true,
            "shuffle":true,
            "scale":true,
            "flip":true,
            "rotate":true,
            "blur":false,
            "split":"train",
            "num_workers":0
        }
    },
    "val_loader":{
        "type":"MyVOC",
        "args":{
            "data_dir":"D：/dataset/my_dataset",
            "batch_size":4,
            "crop_size":718,
            "val":true,
            "split":"val",
            "num_workers":0
    "optimizer":{
        "type":"SGD",
        "differential_lr":true,
        "args":{
            "lr":0.005,
            "weight_decay":1e-4,
            "momentum":0.99
```

```
            }
        },
        "loss":"CrossEntropyLoss2d",
        "ignore_index":255,
        "lr_scheduler":{
            "type":"Poly",
            "args":{}
        },
        "trainer":{
            "epochs":120,
            "save_dir":"saved/",
            "save_period":10,

            "monitor":"maxMean_IoU",
            "early_stop":10,

            "tensorboard":true,
            "log_dir":"saved/runs",
            "log_per_iter":10,

            "val":true,
            "val_per_epochs":5
        }

}
```

用户可以参考上面的配置，也可以自定义训练配置。

2. Dataset 及 DataLoader

在"pytorch_segmentation/dataloaders"目录下有几种常见数据集的 DataLoader 定义，如 VOC、COCO 等，我们这里由于使用的是 VOC 格式的数据集，所以可以基于"voc.py"这个文件进行修改。这里贴出修改后的 Dataset 和 DataLoader 定义：

```python
from base import BaseDataSet, BaseDataLoader
from utils import palette
import numpy as np
import os
from PIL import Image


class VOCDataset(BaseDataSet):
    """
        myVOC-like dataset
```

```python
    """
    def __init__(self,**kwargs):
        self.num_classes=2
        self.palette=palette.get_voc_palette(self.num_classes)
        super(VOCDataset,self).__init__(**kwargs)

    def set_files(self):
        self.image_dir=os.path.join(self.root,'JPEGImages')
        self.label_dir=os.path.join(self.root,'SegmentationClass')
        file_list=os.path.join(self.root,self.split+".txt")
        self.files=[line.rstrip()forlineintuple(open(file_list,"r"))]

    def load_data(self,index):
        image_id=self.files[index]
        image_path=os.path.join(self.image_dir,image_id+'.jpg')
        label_path=os.path.join(self.label_dir,image_id+'.png')
        image=np.asarray(Image.open(image_path).convert('RGB'),dtype=np.float32)
        label=np.asarray(Image.open(label_path),dtype=np.int32)
        image_id=self.files[index].split("/")[-1].split(".")[0]
        return image,label,image_id

class MyVOC(BaseDataLoader):
    def __init__(self,data_dir,batch_size,split,crop_size=None,base_size=None,scale=
    True,num_workers=1,
                    val=False,
                    shuffle=False,flip=False,rotate=False,blur=False,augment=False,val_sp
                    lit=None,return_id=False):
        #update at 2021.01.29
        self.MEAN=[0.4935838,0.48873937,0.45739236]
        self.STD=[0.22273207,0.22567303,0.22986929]

        kwargs={
            'root':data_dir,
            'split':split,
            'mean':self.MEAN,
            'std':self.STD,
            'augment':augment,
            'crop_size':crop_size,
            'base_size':base_size,
            'scale':scale,
```

```
            'flip':flip,
            'blur':blur,
            'rotate':rotate,
            'return_id':return_id,
            'val':val
        }
        self.dataset=VOCDataset(**kwargs)

        super(MyVOC,self).__init__(self.dataset,batch_size,shuffle,num_workers,val_split)
```

其中，palette 是每个类别的颜色定义，这里是用的 VOC 的定义，用户也可以自行定义每个类别的颜色：palette.py：

```
def get_voc_palette(num_classes):
    n=num_classes
        palette=[0]*(n*3)
    for j in range(0,n):
        lab=j
        palette[j*3+0]=0
        palette[j*3+1]=0
        palette[j*3+2]=0
        i=0
        while(lab>0):
            palette[j*3+0]|=(((lab>>0)&1)<<(7-i))
            palette[j*3+1]|=(((lab>>1)&1)<<(7-i))
            palette[j*3+2]|=(((lab>>2)&1)<<(7-i))
            i=i+1
            lab>>=3
    return palette

ADE 20 K_palette=[0,0,0,120,120,120,180,120,120,6,230,230,80,50,50,4,200,
                3,120,120,80,140,140,140,204,5,255,230,230,230,4,250,7,224,
                5,255,235,255,7,150,5,61,120,120,70,8,255,51,255,6,82,143,
                255,140,204,255,4,255,51,7,204,70,3,0,102,200,61,230,250,255,
                6,51,11,102,255,255,7,71,255,9,224,9,7,230,220,220,220,255,9,
                92,112,9,255,8,255,214,7,255,224,255,184,6,10,255,71,255,41,
                10,7,255,255,224,255,8,102,8,255,255,61,6,255,194,7,255,122,8,
                0,255,20,255,8,41,255,5,153,6,51,255,235,12,255,160,150,20,0,
                163,255,140,140,140,250,10,15,20,255,0,31,255,0,255,31,0,255,224,
                0,153,255,0,0,0,255,255,71,0,0,235,255,0,173,255,31,0,255,11,200,
```

200,255,82,0,0,255,245,0,61,255,0,255,112,0,255,133,255,0,0,255,

163,0,255,102,0,194,255,0,0,143,255,51,255,0,0,82,255,0,255,41,0,

255,173,10,0,255,173,255,0,0,255,153,255,92,0,255,0,255,255,0,245,

255,0,102,255,173,0,255,0,20,255,184,184,0,31,255,0,255,61,0,71,255,

255,0,204,0,255,194,0,255,82,0,10,255,0,112,255,51,0,255,0,194,255,0,

122,255,0,255,163,255,153,0,0,255,10,255,112,0,143,255,0,82,0,255,

163,255,0,255,235,0,8,184,170,133,0,255,0,255,92,184,0,255,255,0,31,0,184,

255,0,214,255,255,0,112,92,255,0,0,224,255,112,224,255,70,184,160,163,

0,255,153,0,255,71,255,0,255,0,163,255,204,0,255,0,143,0,255,235,133,255,

0,255,0,235,245,0,255,255,0,122,255,245,0,10,190,212,214,255,0,02,04,255

20,0,255,255,255,0,0,153,255,0,41,255,0,255,204,41,0,255,41,255,0,173,0,

255,0,245,255,71,0,255,122,0,255,0,255,184,0,92,255,184,255,0,0,133,

255,255,214,0,25,194,194,102,255,0,92,0,255]

City Scpates_palette=[128,64,128,244,35,232,70,70,70,102,102,156,190,

153,153,153,153,153,

250,170,30,220,220,0,107,142,35,152,251,152,70,130,180,220,20,6

0,255,0,0,0,

0,142,

0,0,70,0,60,100,0,80,100,0,0,230,119,11,32,128,192,0,0,64,128,128,64,128,

0,192,

128,128,192,128,64,64,0,192,64,0,64,192,0,192,192,0,64,64,128,192,64,128,

64,192,

128,192,192,128,0,0,64,128,0,64,0,128,64,128,128,64,0,0,192,128,0,192,0,

128,192,

128,128,192,64,0,64,192,0,64,64,128,64,192,128,64,64,0,192,192,0,192,64,

128,192,

192,128,192,0,64,64,128,64,64,0,192,64,128,192,64,0,64,192,128,64,192,0,

192,192,

128,192,192,64,64,64,192,64,64,64,192,64,192,192,64,64,64,192,192,

64,192,64,

192,

192,192,192,192,32,0,0,160,0,0,32,128,0,160,128,0,32,0,128,160,0,12

8,32,

128,128,

160,128,128,96,0,0,224,0,0,96,128,0,224,128,0,96,0,128,224,0,128,96,

128,

128,224,

128,128,32,64,0,160,64,0,32,192,0,160,192,0,32,64,128,160,64,128,32,192,128,160,

192,128,96,64,0,224,64,0,96,192,0,224,192,0,96,64,128,224,64,128,96,192,128,224,

192,128,32,0,64,160,0,64,32,128,64,160,128,64,32,0,192,160,0,192,32,128,

192,160,

128,192,96,0,64,224,0,64,96,128,64,224,128,64,96,0,192,224,0,192,96,128,192,224,

128,192,32,64,64,160,64,64,32,192,64,160,192,64,32,64,192,160,64,192,32,192,

192,

160,192,192,96,64,64,224,64,64,96,192,64,224,192,64,96,64,192,224,64,192,96,

192,

192,224,192,192,0,32,0,128,32,0,0,160,0,128,160,0,0,32,128,128,32,128,0,160,128,

128,160,128,64,32,0,192,32,0,64,160,0,192,160,0,64,32,128,192,32,128,64,160,128,

192,160,128,0,96,0,128,96,0,0,224,0,128,224,0,0,96,128,128,96,128,0,224,128,128,

224,128,64,96,0,192,96,0,64,224,0,192,224,0,64,96,128,192,96,128,64,224,128,192,

224,128,0,32,64,128,32,64,0,160,64,128,160,64,0,32,192,128,32,192,0,160,192,128,

160,192,64,32,64,192,32,64,64,160,64,192,160,64,64,32,192,192,32,192,64,160,

192,

192,160,192,0,96,64,128,96,64,0,224,64,128,224,64,0,96,192,128,96,192,0,224,192,

128,224,192,64,96,64,192,96,64,64,224,64,192,224,64,64,96,192,192,96,192,64,

224,

192,192,224,192,32,32,0,160,32,0,32,160,0,160,160,0,32,32,128,160,32,128,32,160,

128,160,160,128,96,32,0,224,32,0,96,160,0,224,160,0,96,32,128,224,32,128,

96,160,
128,224,160,128,32,96,0,160,96,0,32,224,0,160,
224,0,32,96,128,160,96,128,
32,224,
128,160,224,128,96,96,0,224,96,0,96,224,0,224,
224,0,96,96,128,224,96,128,
96,224,
128,224,224,128,32,32,64,160,32,64,32,160,64,160,160,64,32,32,192,
160,32,
192,32,
160,192,160,160,192,96,32,64,224,32,64,96,160,64,224,160,64,96,32,
192,224,
32,192,
96,160,192,224,160,192,32,96,64,160,96,64,32,224,64,160,224,64,32,
96,192,
160,96,
192,32,224,192,160,224,192,96,96,64,224,96,64,96,224,64,224,224,6
4,96,96,
192,224,
96,192,96,224,192,0,0,0]

    COCO_palette=[31,119,180,255,127,14,44,160,44,214,39,40,148,103,189,
140,86,75,227,
119,194,127,127,127,188,189,34,23,190,207,31,119,180,
255,127,14,44,160,44,
214,39,40,148,103,189,140,86,75,227,119,194,127,127,127,188,189,3
4,23,190,207,
31,119,180,255,127,14,44,160,44,214,39,40,148,103,189,140,86,75,
227,119,194,127,127,127,188,189,34,23,190,207,31,119,180,255,127,
14,44,160,44,
214,39,40,148,103,189,140,86,75,227,119,194,127,127,127,188,189,
34,23,190,207,31,119,180,255,127,14,44,160,44,214,39,
40,148,103,189,140,86,75,
227,119,194,127,127,127,188,189,34,23,190,207,31,119,180,255,127,
14,44,160,44,214,39,40,148,103,189,140,86,75,227,119,194,127,127,
127,188,189,
34,23,190,207,31,119,180,255,127,14,44,160,44,214,39,40,148,103,
189,140,86,75,227,119,194,127,127,127,188,189,34,23,190,207,31,11

9,180,255,127,

14,44,160,44,214,39,40,148,103,189,140,86,75,227,119,194,127,127,
127,188,189,34,23,190,207,31,119,180,255,127,14,44,160,44,214,39,

40,148,103,

189,140,86,75,227,119,194,127,127,127,188,189,34,23,190,207,31,11

9,180,255,127,14,

44,160,44,214,39,40,148,103,189,140,86,75,227,119,194,127,127,
127,188,189,34,23,190,207,31,119,180,255,127,14,44,160,44,214,39,

40,148,103,189,

140,86,75,227,119,194,127,127,127,188,189,34,23,190,207,31,119,18

0,255,127,14,44,

160,44,214,39,40,148,103,189,140,86,75,227,119,194,127,127,127,18

8,189,34,23,190,

207,31,119,180,255,127,14,44,160,44,214,39,40,148,103,
189,140,86,75,227,119,194,
127,127,127,188,189,34,23,190,207,31,119,180,255,127,14,
44,160,44,214,39,40,148,
103,189,140,86,75,227,119,194,127,127,127,188,189,34,23,190,207,3

1,119,180,255,127,

14,44,160,44,214,39,40,148,103,189,140,86,75,227,119,194,127,127,

127,188,189,34,

23,190,207,31,119,180,255,127,14,44,160,44,214,39,40,148,103,189,

140,86,75,227,

119,194,127,127,127,188,189,34,23,190,207,31,119,180,
255,127,14,44,160,44,214,39,
40,148,103,189,140,86,75,227,119,194,127,127,127,188,189,34,23,19

0,207,31,119,

180,255,127,14,44,160,44,214,39,40,148,103,189,140,86,
75,227,119,194,127,127,
127,188,189,34,23,190,207,31,119,180,255,127,14]

5.3.3 开始训练

当以上步骤完成后，即可开始训练了。从"train.py"启动训练或者在 PyCharm 中直接 run：

python train.py--config config.json

5.3.4 推理

1. 工程上进行推理的要素

不管是语义分割还是目标检测或者其他的任务，我们要想在工程上进行模型推理，一般流程如下（这里不做量化加速）：

（1）抽离模型定义及权重文件；

（2）编写推理 class；

（3）提供单张推理机数据集推理的方法。

因此，我们需要在推理的工程中，准备这样几种东西：模型定义脚本、权重文件、推理 class、单张测试脚本、批量测试(评价)脚本。

2. 构造推理工程

在推理工程中，我们仅保留推理所必须的部分，把其他的代码、文件统统去掉。按照我们前述步骤，我们已经使用自己的 VOC 格式的语义分割数据集训练好了一个 DeepLabV3+模型。此时，我们把其中对推理有必要的部分抽离出来，包括模型定义文件，如图 5-6 所示。

图 5-6 模型定义文件

然后把训练好的模型单独放在一个文件夹中，如图 5-7 所示。

图 5-7 模型文件

3. 编写推理 class

接下来，就是编写推理 class 了。在该 class 中，需要包含模型定义、模型权重加载、单张推理、结果可视化等内容。这里贴出编写的 class 内容：

```
#-*-coding:utf-8-*-
"""
Created on 2020.01.12
@author:LWS
Inference of Edge Fence Segmentation.
"""
```

```python
import numpy as np
from PIL import image

from collections import OrderedDict

import torch
import torch.nn.functional as F
from torchvision import transforms

from models.deeplabv3_plus import DeepLab
from utils.helpers import colorize_mask
from utils import palette

class EdgeFenceSeg(object):
    def __init__(self,
                    model_path="ckpt/best_model.pth",
                    area_thres=0.1,
                    cuda_id=0,
                    get_mask=True):

        torch.set_num_threads(8)

        self.area_thres=area_thres
        self.num_classes=2 # background+fence
        self.get_mask=get_mask

        #getpaletteofVOC
        self.my_palette=palette.get_voc_palette(self.num_classes)

        #datasetting
        self._MEAN=[0.48311856,0.49071315,0.45774156]
        self._STD=[0.21628413,0.22036915,0.22477823]
        self.to_tensor=transforms.ToTensor()
        self.normalize=transforms.Normalize(self._MEAN, self._STD)

        #getModel
        self.model=DeepLab(num_classes=self.num_classes, backbone='resnet101', pretrained=False)
        availble_gpus=list(range(torch.cuda.device_count()))
        self.device=torch.device('cuda:{}'.format(cuda_id) iflen(availble_gpus)>0 else'cpu')

        #Loadcheckpoint
```

```
checkpoint= torch. load( model_ path, map_ location= self. device) ifisin
stance( checkpoint, dict) and' state_ dict' incheckpoint. keys( ) :
    checkpoint= checkpoint[ ' state_ dict' ]
#Ifduringtraining, weuseddataparallel
if(' module'inlist( checkpoint. keys( ) ) [ 0 ] and
        notisinstance( self. model, torch. nn. DataParallel) ) :
    #forgpuinference, usedataparallel
    if" cuda" inself. device. type:
        self. model= torch. nn. DataParallel( self. model)
    else:
        #forcpuinference, removemodule
        new_ state_ dict= OrderedDict( )
        fork, vincheckpoint. items( ) :
name=k[ 7 : ]

            new_ state_ dict[ name] = v
        checkpoint= new_ state_ dict
#load
self. model. load_ state_ dict( checkpoint)
self. model. to( self. device)
self. model. eval( )

def predict( self, img) :
    """
    :param img:image for predict, np.ndarray.
    :return: mask_img, prediction, flag;
if all None, means image type error; if mask_img is None, means don't extract mask.
    """
    if str( type( img) ) == "<class' NoneType'>" :
        return None, None, None
    flag= False
    if isinstance( img, np. ndarray) :
        img= Image. fromarray( img)
with torch. no_ grad( ) :
        input= self. normalize( self. to_ tensor( img) ) . unsqueeze( 0 )
        prediction= self. model( input. to( self. device) )
        prediction= prediction. squeeze( 0 ) . cpu( ) . numpy( )
        prediction= F. softmax( torch. from_ numpy( prediction) ,
```

```
dim=0).argmax(0).cpu().numpy()
                area_ratio=sum(prediction[prediction==1])/(img.size[0]*img.size[1])
        if area_ratio>=self.area_thres:
                flag=True
                    self.get_mask:
        if:
            mask_img=self.colored_mask_img(img,prediction)
            return mask_img,prediction,flag
        else:
            return None,prediction,flag

    def colored_mask_img(self,image,mask):
        colorized_mask=colorize_mask(mask,self.my_palette)
        #PILtype
        mask_img=Image.blend(image.convert('RGBA'),colorized_mask.conv
    ert('RGBA'),0.7)

    return mask_img
```

4. 单图推理

可以定义一个 main.py 文件，利用上述 class 进行单张图片的推理：

```
import os
import time
import cv2
import numpy as np

from EdgeFenceSeg import EdgeFenceSeg

if __name__=="__main__":
    img_file="test_imgs/V10108-115508_frame_232.jpg"
    output_path="output_cv"
    if notos.path.exists(output_path):
        os.makedirs(output_path)

    edg=EdgeFenceSeg(area_thres=0.1,cuda_id=0,get_mask=True)
    img=cv2.imread(img_file)

    for i in range(4):
        #inference
        t1=time.time()
```

```
        mask_ img, prediction, flag= edg. predict( img)
        t2 = time. time( )
        print( " time: { } , Isedge_ fence: { } " . format( round( t2 - t1 , 4 ) , flag) )

    #savemaskedimg
    if mask_ img is not None:
        image_ file= os. path. basename( img_ file) . split( '.') [ 0 ]
        #mask_img_cv=cv2.cvtColor(np.asarray(mask_img),cv2.COLOR_RGB2BGR)
        mask_ img_ cv= np. asarray( mask_ img)
cv2 . imwrite( os. path. join( output_ path, image_ file+ '. png') , mask_ img_ cv)
```

5. 批量推理

如果想对一批图片进行推理，由于我们的网络是全卷积的，所以输入图片的尺寸可以是任意的，这里我们使用原图大小以获取更好的性能，因此批量推理就是加个 for 循环进行的逐张推理：

```
import os
import time
from glob import glob
import cv2
import numpy as np

from EdgeFenceSeg import EdgeFenceSeg

if_ _ name_ _ == " _ _ main_ _ ":
    imgs_ path= " test_ imgs"
    output_ path= " output_ cv"
    if notos. path. exists( output_ path) :
        os. makedirs( output_ path)
    edg= EdgeFenceSeg( )
    image_ files= sorted( glob( os. path. join( imgs_ path, f' * . { " jpg" } ') ) )
    for img_ file in image_ files:
        t0 = time. time( )
        img= cv2 . imread( img_ file)

        #inference
        t1 = time. time( )
        mask_ img, prediction, flag= edg. predict( img)
        t2 = time. time( )
        print("{0:50}:Inferencetime:{1},Isedge_fence:{2}".format(img_file,round(t2-t1,4),flag))
```

87

```
#save maskedimg

    if mask_img is not None:
        image_file=os.path.basename(img_file).split('.')[0]
        #mask_img_cv=cv2.cvtColor(np.asarray(mask_img),cv2.COLOR_RG
    B2BGR)
        mask_img_cv=np.asarray(mask_img)
cv2.imwrite(os.path.join(output_path,image_file+'.png'),mask_img_cv)
```

5.4　总结展望

　　图像分割技术是目前预测图像领域最热门的一项技术，原因在于上述许多计算机视觉任务都需要对图像进行智能分割，以充分理解图像中的内容，使各个图像部分之间的分析更加容易。由于图像分割技术有助于理解图像中的内容，并确定物体之间的关系，因此常被应用于人脸识别、物体检测、医学影像、卫星图像分析、自动驾驶感知等领域。在我们生活中，图像分割技术的应用实例也很常见，如智能手机上的抠图相机、在线试衣间、虚拟化妆以及零售图像识别等，这些应用往往都需要使用智能分割后的图片作为操作对象。同学们应在学习了本次实训后去了解和尝试图像分割技术在工程中的应用。

6 项目三 基于 YOLOv3 的口罩佩戴检测

新冠爆发以来，疫情牵动着全国人民的心，一线医护工作者在前线抗击疫情的同时，我们也可以看到很多高科技公司和人工智能领域科研工作者，也在贡献着他们的力量。近些年来旷视、商汤、海康、百度等多家科技公司都推出了带有 AI 人脸检测算法的红外测温、口罩佩戴检测等设备，依图、阿里也研发出了通过深度学习来自动诊断新冠肺炎的医疗算法。可以说，各行各业的从业者都对战胜这场疫情贡献了自己的力量。本章将对利用神经网络对口罩佩戴检测进行介绍。

6.1 前期准备

6.1.1 基本环境

（1）scipy==1.2.1；

（2）numpy==1.17.0；

（3）matplotlib==3.1.2；

（4）opencv_python==4.1.2.30；

（5）torch==1.2.0；

（6）torchvision==0.4.0；

（7）tqdm==4.60.0；

（8）Pillow==8.2.0；

（9）h5py==2.10.0。

6.1.2 源码及权重下载

请读者扫描前言二维码下载。

6.1.3 数据集下载

1. 口罩数据集

请读者在网上自行下载。

2. VOC2007 数据集

请读者在网上自行下载。

6.2　原理介绍

YOLOv3[30]的核心思想就是通过三层不同的网格对原始图像进行划分，其中 13×13 的网格划分区域最大，用于预测大物体，26×26 为中等层用于预测中等大小的物体，52×52 最小，用于预测小物体，如图 6-1 所示。

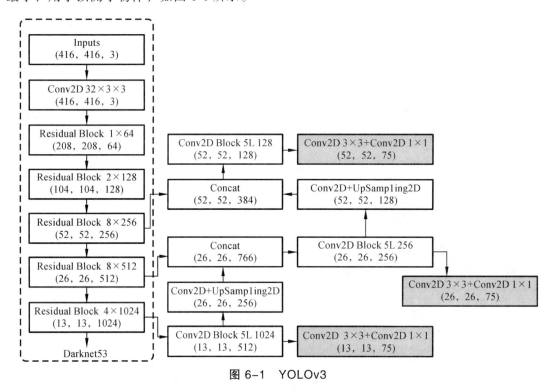

图 6-1　YOLOv3

6.2.1　主干网络

YOLOv3 以 Darknet53（含有 53 个卷积层）作为主干网络。Darknet53 的一个重要特点是采用残差网络 Residual。Darknet53 的残差卷积就是首先通过一次卷积核为 3×3、步长为 2 的卷积，该卷积会压缩输入进来的特征层的宽和高，此时可以获得一个特征层，该特征层命名为 layer。之后再对该特征层进行一次 1×1 的卷积和一次 3×3 的卷积，并把这个结果加上 layer，此时便构成了残差结构。通过不断地 1×1 卷积和 3×3 卷积以及残差边的叠加，便大幅度加深了网络。残差网络的特点是容易优化，并且能够通过增加相当的深度来提高准确率。其内部的残差块使用了跳跃连接，缓解了在深度神经网络中增加深度带来的梯度消失问题。

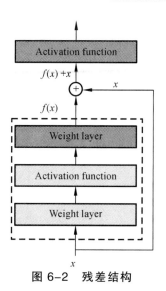

图 6-2　残差结构

Darknet53 的每一个卷积部分使用了特有的 DarknetConv2D 结构，每一次卷积的时候进行 l2 正则化，完成卷积后进行 Batch Normalization（批标准化）与 Leaky ReLU。普通的 ReLU 是将所有的负值都设为零，Leaky ReLU 则是给所有负值赋予一个非零斜率，以数学的方式我们可以表示为

$$y_i = \begin{cases} x_i, & \text{if } x_i \geqslant 0 \\ \dfrac{x_i}{a_i}, & \text{if } x_i < 0 \end{cases} \qquad (6\text{-}1)$$

实现代码：

```
#----------------------------------------------------------------#
#残差结构
#利用一个 1x1 卷积下降通道数，然后利用一个 3x3 卷积提取特征并且上升通道数
#最后接上一个残差边
#----------------------------------------------------------------#
class BasicBlock(nn.Module):
    def __init__ (self, inplanes, planes):
        super(BasicBlock, self) .__init__ ()
        self .conv1   = nn.Conv2d(inplanes, planes[0], kernel_size=1, stride=1,
padding=0, bias=False)
        self .bn1     = nn.BatchNorm2d(planes[0])
        self .relu1   = nn.LeakyReLU(0.1)

        self .conv2   = nn.Conv2d(planes[0], planes[1], kernel_size=3, stride=1,
padding=1, bias=False)
        self .bn2     = nn.BatchNorm2d(planes[1])
        self .relu2   = nn.LeakyReLU(0.1)
```

```python
def forward (self, x):
    residual = x

    out = self .conv1(x)
    out = self .bn1(out)
    out = self .relu1(out)

    out = self .conv2(out)
    out = self .bn2(out)
    out = self .relu2(out)

    out+= residual
    return out

class DarkNet (nn.Module):
    def __init__ (self, layers):
        super (DarkNet, self) .__init__ ()
        self .inplanes= 32
        # 416,416,3 -> 416,416,32
        Self .conv1   = nn.Conv2d(3, self.inplanes, kernel_size=3, stride=1, padding=1,
bias=False)
        self.bn1      = nn.BatchNorm2d(self .inplanes)
        self .relu1   = nn.LeakyReLU(0.1)

        # 416,416,32 -> 208,208,64
        self .layer1 = self ._make_layer([32, 64], layers[0])
        # 208,208,64 -> 104,104,128
        self .layer2 = self ._make_layer([64, 128], layers[1])
        # 104,104,128 -> 52,52,256
        self .layer3 = self ._make_layer([128, 256], layers[2])
        # 52,52,256 -> 26,26,512
        self .layer4 = self ._make_layer([256, 512], layers[3])
        # 26,26,512 -> 13,13,1024
        self .layer5 = self ._make_layer([512, 1024], layers[4])

        self .layers_out_filters= [64, 128, 256, 512, 1024]

        #进行权值初始化
        for m in self. modules():
            if isinstance (m, nn.Conv2d):
                n= m.kernel_size[0] * m.kernel_size[1] * m.out_channels
```

```
                m.weight.data.normal_ (0, math.sqrt(2. / n))
            elif isinstance (m, nn.BatchNorm2d):
                m.weight.data.fill_ (1)
                m.bias.data.zero_ ()


    #----------------------------------------------------------------#
    #在每一个 layer 里面，首先利用一个步长为 2 的 3x3 卷积进行下采样
    #然后进行残差结构的堆叠
    #----------------------------------------------------------------#
    def _make_layer(self, planes, blocks):
        layers= []
        #下采样，步长为 2，卷积核大小为 3
layers .append(("ds_conv", nn.Conv2d(self.inplanes, planes[1], kernel_size=3, stride=2,
padding=1, bias=False)))

        layers .append(("ds_bn", nn.BatchNorm2d(planes[1])))
        layers .append(("ds_relu", nn.LeakyReLU(0.1)))
        #加入残差结构
        self .inplanes = planes[1]
        for i in range(0, blocks):
        layers .append(("residual_ {}" .format(i), BasicBlock(self .inplanes,planes)))
        return nn .Sequential(OrderedDict(layers))

    def forward (self, x):
        x = self .conv1(x)
        x = self .bn1(x)
        x = self .relu1(x)

        x = self .layer1(x)
        x = self .layer2(x)
        out3 = self .layer3(x)
        out4 = self .layer4(out3)
        out5 = self .layer5(out4)

        return out3, out4, out5

def darknet53 ():
    model = DarkNet([1, 2, 8, 8, 4])
return model
```

6.2.2 FPN 特征加强层

由 YOLOv3 网络结构图可以观察到，YOLOv3 的主干特征提取网络一共提取出三个特征层，分别位于 Darknet53 不同位置，特征层的 shape（张量结构）分别为（52,52,256）、（26，26，512）、（13，13，1024）。为了充分利用这三个特征层进行预测，构建了 FPN 特征金字塔对不同特征层进行特征融合，构建方式为：

（1）对 $13 \times 13 \times 1024$ 的特征层进行 5 次卷积处理，处理完后利用 YoloHead 获得预测结果，一部分用于进行上采样 UpSampling2d 后与 26x26x512 特征层进行结合，结合特征层的 shape 为（26，26，768）。

（2）结合特征层再次进行 5 次卷积处理，处理完后利用 YoloHead 获得预测结果，一部分用于进行上采样 UpSampling2D 后与 52x52x256 特征层进行结合，结合特征层的 shape 为（52,52,384）。

（3）结合特征层再次进行 5 次卷积处理，处理完后利用 YoloHead 获得预测结果。

6.2.3 YOLO Head 结果预测

利用 FPN 特征金字塔，可以获得三个加强特征，这三个加强特征的 shape 分别为（13，13，512）、（26，26，256）、（52,52,128），然后我们利用这三个 shape 的特征层传入 YoloHead 获得预测结果。

YoloHead 本质上是一次 3x3 卷积加上一次 1x1 卷积，3x3 卷积的作用是特征整合，1x1 卷积的作用是调整通道数。

对三个特征层分别进行处理，假设预测是的 VOC 数据集，输出层的 shape 分别为（13，13，75）、（26，26，75）、（52,52,75），最后一个维度为 75 是因为该图是基于 VOC 数据集的，它的类为 20 种，YOLOv3 针对每一个特征层的每一个特征点存在 3 个先验框，所以预测结果的通道数为 3×25。

如果使用的是 CoCo 训练集，类则为 80 种，最后的维度应该为 $3 \times 85 = 255$，三个特征层的 shape 为（13,13,255）、（26,26,255）、（52,52,255）。本项目提供的口罩数据集中仅含两个类别，其实际情况就是，输入 N 张 416x416 的图片，在经过多层的运算后，会输出三个 shape 分别为（N,13,13,255）、（N,26,26,255）、（N,52,52,255）的数据，对应每个图分为 13×13、26×26、52×52 的网格上 3 个先验框的位置。

6.2.4 结果编码与显示

通过 YoloHead 可以获取到三个特征层的预测结果，shape 分别为（N,13,13,255）、（N,26,26,255）、（N,52,52,255）。在这里简单了解一下每个有效特征层到底做了什么。

每一个有效特征层将整个图片分成与其长宽对应的网格，如（N,13,13,255）的特征层就是将整个图像分成 13×13 个网格；然后从每个网格中心建立多个先验框，这些框是网络预先设定好的框，网络的预测结果会判断这些框内是否包含物体，以及这个物体的种类。

由于每一个网格点都具有三个先验框，所以上述的预测结果可以 reshape（重塑）为（N,13,13,3,85）、（N,26,26,3,85）、（N,52,52,3,85）

其中的 85 可以拆分为 4+1+80，其中的 4 代表先验框的调整参数，1 代表先验框内是否包含物体，80 代表的是这个先验框的种类，由于 CoCo 分了 80 类，所以这里是 80。如果 YOLOv3 只检测两类物体，那么这个 85 就变为了 4+1+2 = 7。即 85 包含了 4+1+80，分别代表 x_offset、y_offset、h 和 w、置信度、分类结果。但是这个预测结果并不对应着最终的预测框在图片上的位置，还需要解码才可以完成。

YOLOv3 的解码过程分为两步：

先将每个网格点加上它对应的 x_offset 和 y_offset，加完后的结果就是预测框的中心；

然后再利用先验框和 h、w 结合计算出预测框的宽高，这样就能得到整个预测框的位置了，如图 6-3 所示。

图 6-3 预测框

得到最终的预测结果后还要进行得分排序与非极大抑制筛选。这一部分基本上是所有目标检测通用的部分。其对于每一个类进行判别：

（1）取出每一类得分大于 self.obj_threshold 的框和得分。

（2）利用框的位置和得分进行非极大抑制。

最后根据筛选结果在原图上进行绘制。

6.3 实训流程

本项目提供包含 20 个种类的 VOC2007 官方数据集以及包含 2 个种类自制的口罩佩戴数据集。数据集格式如图 6-4 所示。

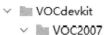

图 6-4　VOC 数据集

6.3.1　获取图片索引 txt 文件

将数据集放到指定目录后需要通过根目录下 voc_annotation.py 获取训练所用的 2007_train.txt 以及 2007_val.txt，目的是告诉模型用于训练的图片读取路径以及验证模型图片的读取路径。

```
-------------------------------------------#
#    annotation_mode 用于指定该文件运行时计算的内容
#    annotation_mode 为 0 代表整个标签处理过程，包括获得 VOCdevkit/VOC2007/
ImageSets 里面的 txt 以及训练用的 2007_train .txt、2007_val .txt
#    annotation_mode 为 1 代表获得 VOCdevkit/VOC2007/ImageSets 里面的 txt
#    annotation_mode 为 2 代表获得训练用的 2007_train.txt、2007_val.txt
# ----------------------------------------------------------------------------
annotation_mode = 0
# -------------------------------------------------------------------- #
#    必须要修改，用于生成 2007_train.txt、2007_val.txt 的目标信息
#    与训练和预测所用的 classes_path 一致即可
#    如果生成的 2007_train.txt 里面没有目标信息
#    那么就是因为 classes 没有设定正确
#    仅在 annotation_mode 为 0 和 2 的时候有效
#--------------------------------------------------------------#
classes_path= 'model_data/voc_classes.txt'
#---------------------------------------------------------------------
-------------------------------------------#
#    trainval_percent 用于指定（训练集+验证集）与测试集的比例，默认情况下（训练
集+验证集）：测试集  = 9:1
#    train_percent 用于指定（训练集+验证集）中训练集与验证集的比例，默认情况下
训练集：验证集   = 9:1
#    仅在 annotation_mode 为 0 和 1 的时候有效
#---------------------------------------------------------------------
```

```
-------------------------------------------#
trainval_percent= 0.9
train_percent= 0.9
```

classes_path 用于指向检测类别所对应的 txt，以 VOC 数据集为例，我们用的 txt 如图 6-5 所示。

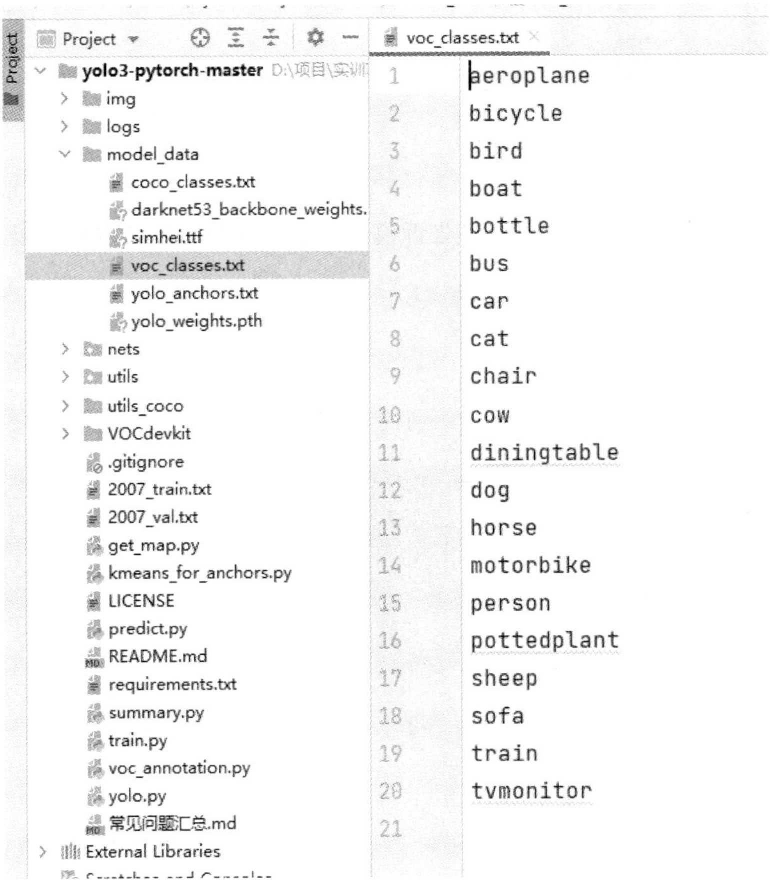

图 6-5 检测类

训练自己的数据集时，可以自己建立一个 cls_classes.txt，里面写自己所需要区分的类别，如在口罩佩戴数据集中 txt 包含 face 与 face_mask 两个类别。

6.3.2 模型训练

训练的参数较多，大部分参数已有详细注释，需同学们根据自己计算机配置以及数据集修改相应参数，如图 6-6 所示。其中最重要的部分是 train.py 里的 classes_path。classes_path 用于指向检测类别所对应的 txt，这个 txt 和 voc_annotation.py 里面的 txt 一样，训练自己的数据集必须要修改。

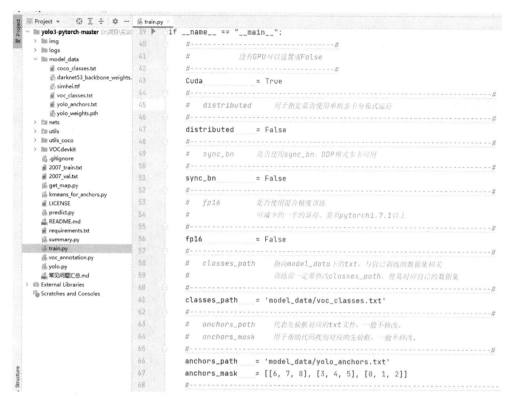

图 6-6　训练参数

运行 train.py，在多个 epoch 后，权重文件会保存在 logs 文件夹内。

6.3.3 使用模型

在使用自己的模型进行结果预测时，需要修改 yolo.py 中的 model_path 以及 classes_path。完成 yolo.py 参数修改后运行 predict.py，选择图片预测需输入图片路径，选择视频预测可直接进行预测。测试参数如图 6-7 所示。

6.4　总结展望

通过上述项目，同学们已经了解了 YOLOv3 目标检测的使用步骤，接下来可以发挥自己的能动性，开发有创意的检测模型（YOLO 网络预测中会将图片重调到 416×416 大小，因此数据采集时可以降低分辨率）。

例 1：建立西南交大植物识别系统，采集植物图片，建立数据集，实现植物预测。

例 2：建立西南交大建筑识别系统，可根据建筑物不同视角识别建筑物，配合 Qt 应用程序进行界面开发，显示建筑物基本信息或者地理位置。

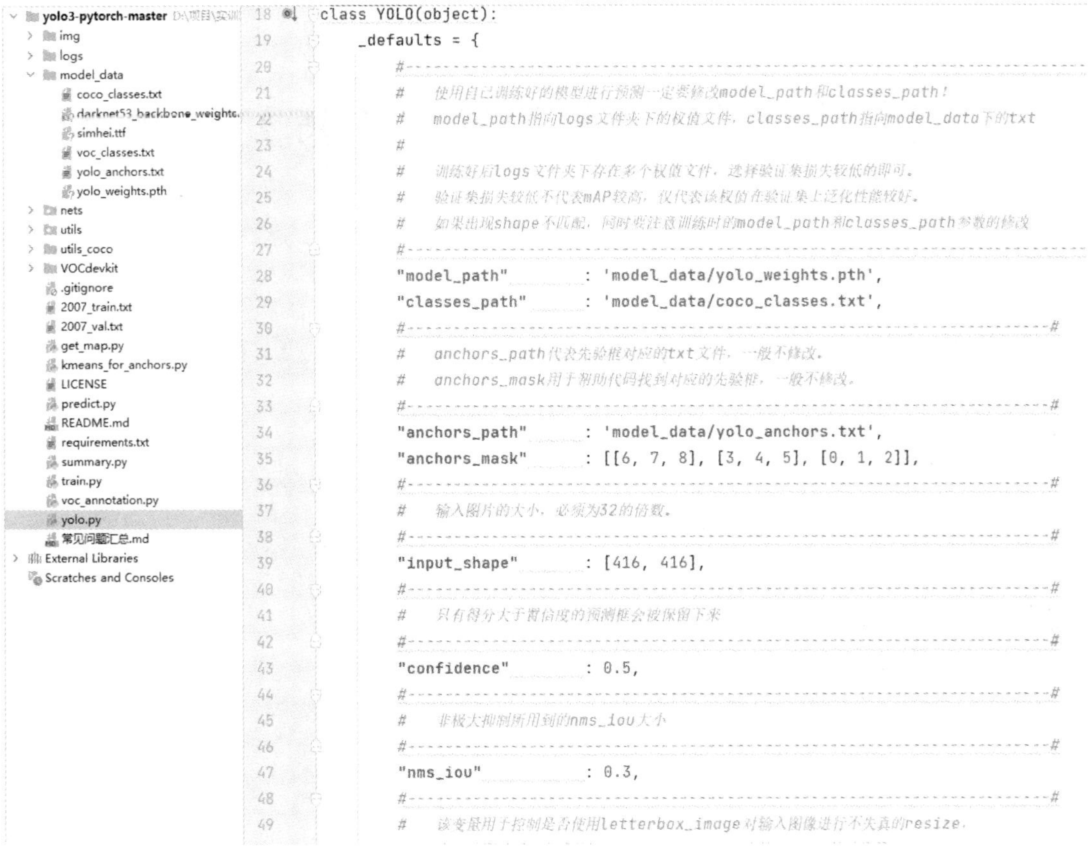

```
18    class YOLO(object):
19        _defaults = {
20            #---------------------------------------------------------------------#
21            #   使用自己训练好的模型进行预测一定要修改model_path和classes_path!
22            #   model_path指向logs文件夹下的权值文件，classes_path指向model_data下的txt
23            #
24            #   训练好后logs文件夹下存在多个权值文件，选择验证集损失较低的即可。
25            #   验证集损失较低不代表mAP较高，仅代表该权值在验证集上泛化性能较好。
26            #   如果出现shape不匹配，同时要注意训练时的model_path和classes_path参数的修改
27            #---------------------------------------------------------------------#
28            "model_path"        : 'model_data/yolo_weights.pth',
29            "classes_path"      : 'model_data/coco_classes.txt',
30            #---------------------------------------------------------------------#
31            #   anchors_path代表先验框对应的txt文件，一般不修改。
32            #   anchors_mask用于帮助代码找到对应的先验框，一般不修改。
33            #---------------------------------------------------------------------#
34            "anchors_path"      : 'model_data/yolo_anchors.txt',
35            "anchors_mask"      : [[6, 7, 8], [3, 4, 5], [0, 1, 2]],
36            #---------------------------------------------------------------------#
37            #   输入图片的大小，必须为32的倍数。
38            #---------------------------------------------------------------------#
39            "input_shape"       : [416, 416],
40            #---------------------------------------------------------------------#
41            #   只有得分大于置信度的预测框会被保留下来
42            #---------------------------------------------------------------------#
43            "confidence"        : 0.5,
44            #---------------------------------------------------------------------#
45            #   非极大抑制所用到的nms_iou大小
46            #---------------------------------------------------------------------#
47            "nms_iou"           : 0.3,
48            #---------------------------------------------------------------------#
49            #   该变量用于控制是否使用letterbox_image对输入图像进行不失真的resize，
```

图 6-7 测试参数

99

7 项目四 基于 faceNet 的人脸识别

人脸识别是目前所有目标检测子方向中被研究最充分的问题之一[31]，在安防监控、人证比对、人机交互、社交和娱乐等方面有很高的应用价值。在本章中，将对基于 FaceNet[32]人脸识别进行介绍。FaceNet 可以直接学习从人脸图像到欧几里得空间的映射（直接将人脸映射到欧几里得空间）。在欧几里得空间中，距离直接对应于人脸相似性的度量，一旦这个空间产生，使用标准技术，将 FaceNet 嵌入作为特征向量，就可以很容易地实现人脸识别、验证和聚类等任务。

7.1 前期准备

7.1.1 基本环境

（1）scipy==1.2.1；
（2）numpy==1.17.0；
（3）matplotlib==3.1.2；
（4）opencv_python==4.1.2.30；
（5）torch==1.2.0；
（6）torchvision==0.4.0；
（7）tqdm==4.60.0；
（8）Pillow==8.2.0；
（9）h5py==2.10.0。

7.1.2 源码及权重下载

请读者扫描前言二维码下载。

7.1.3 数据集下载

请读者扫描前言二维码下载。

7.2 原理介绍

FaceNet 的总体流程主要分为三步（见图 7-1）：

（1）通过深度卷积网络对人脸图片进行特征提取。

（2）对特征进行 L2 标准化。

（3）得到一个长度为 128 的特征向量。

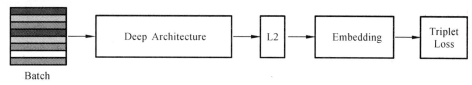

图 7-1　总体流程

7.2.1　主干网络

FaceNet 的主干网络起到提取特征的作用，初版的 FaceNet 以 Inception-ResNetV1 为主干特征提取网络。本项目一共提供了两个网络作为主干特征提取网络，分别是 MobileNetV1 和 Inception-ResNetV1，二者都起到特征提取的作用，这里以 MobileNetV1 作为主干特征提取网络进行介绍。

MobileNetV1 模型是 Google 针对手机等嵌入式设备提出的一种轻量级的深层神经网络，其核心思想是 Depthwise Separable Convolution（深度可分离卷积块），如图 7-2 所示。

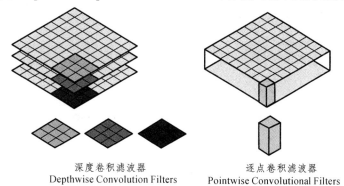

深度卷积滤波器　　　　　　　　　　逐点卷积滤波器
Depthwise Convolution Filters　　　Pointwise Convolutional Filters

深度可分离卷积块
Depthwise Sparable Convolution

图 7-2　可分离卷积块

深度可分离卷积块由两个部分组成，分别是深度可分离卷积和 1×1 普通卷积，深度可分离卷积的卷积核大小一般是 3×3 的，便于理解的话可以把它当作是特征提取，1×1 的普通卷积完成通道数的调整。

深度可分离卷积块的目的是使用更少的参数来代替普通的 3x3 卷积，轻量化网络。以下是普通卷积和深度可分离卷积块的对比举例：

对于普通卷积而言，假设有一个 3×3 大小的卷积层，其输入通道为 16、输出通道为 32。具体为，32 个 3×3 大小的卷积核会遍历 16 个通道中的每个数据，最后得到所需的 32 个输出通道，所需参数为 $16 \times 32 \times 3 \times 3 = 4\ 608$ 个。

对于深度可分离卷积结构块而言，假设有一个深度可分离卷积结构块，其输入通道为 16，输出通道为 32，其会用 16 个 3×3 大小的卷积核分别遍历 16 通道的数据，得到了 16 个特征图谱。在融合操作之前，接着用 32 个 1×1 大小的卷积核遍历这 16 个特征图谱，所需参数为 $16 \times 3 \times 3 + 16 \times 32 \times 1 \times 1 = 656$ 个，可以看出来深度可分离卷积结构块可以大幅减少模型的参数。

实现代码：

```python
class Facenet(nn.Module):
    def __init__(self, backbone="mobilenet", dropout_keep_prob=0.5, embedding_size=128, num_classes=None, mode="train", pretrained=False):
        super(Facenet, self).__init__()
        if backbone == "mobilenet":
            self.backbone = mobilenet(pretrained)
            flat_shape = 1024
        elif backbone == "inception_resnetv1":
            self.backbone = inception_resnet(pretrained)
            flat_shape = 1792
        else:
            raise ValueError('Unsupported backbone - `{}`, Use mobilenet, inception_ resnetv1 .'.format(backbone))
        self.avg = nn.AdaptiveAvgPool2d((1,1))
        self.Dropout = nn.Dropout(1 - dropout_keep_prob)
        self.Bottleneck = nn.Linear(flat_shape, embedding_size, bias=False)
        self.last_bn = nn.BatchNorm1d(embedding_size, eps=0.001, momentum=0.1, affine=True)
        if mode == "train":
            self.classifier = nn.Linear(embedding_size, num_classes)

    def forward(self, x, mode = "predict"):
        if mode == 'predict':
            x = self.backbone(x)
            x = self.avg(x)
```

```
        x = x .view(x.size(0), -1)
        x = self .Dropout(x)
        x = self .Bottleneck(x)
        x = self .last_bn(x)
        x = F .normalize(x, p=2, dim=1)
        return x
    x = self .backbone(x)
    x = self .avg(x)
    x = x .view(x.size(0), -1)
    x = self .Dropout(x)
    x = self .Bottleneck(x)
    before_normalize = self .last_bn(x)

    x = F .normalize(before_normalize, p=2, dim=1)
    cls = self .classifier(before_normalize)
    return x, cls

def forward_feature (self, x):
    x = self .backbone(x)
    x = self .avg(x)
            x = x .view(x .size(0), -1)
    x = self .Dropout(x)
    x = self .Bottleneck(x)
    before_normalize = self .last_bn(x)
    x = F .normalize(before_normalize, p=2, dim=1)
    return before_normalize, x

def forward_classifier (self, x):
    x = self .classifier(x)

return x
```

7.2.2　L2 标准化获取 128 维特征向量

　　利用主干特征提取网络可以获得一个特征层，它的 shape 为（batch_size，h，w，channels），对其取全局平均池化，从而方便后续的处理。

　　全局平均池化后将特征层进行一个神经元个数为 128 的全连接，此时相当于利用了一个长度为 128 的特征向量代替输入进来的图片。这个长度为 128 的特征向量就是输入图片的特征浓缩。

在获得一个长度为 128 的特征向量后，我们还需要进行 L2 标准化的处理。这个 L2 标准化是为了使得不同人脸的特征向量属于同一数量级，方便比较。在进行 L2 标准化前需要首先计算范数：

$$\| x \|_2 = \sqrt{\sum_{i=1}^{N} x_i^2} \tag{7.1}$$

也就是欧几里得范数，即向量元素绝对值的平方和再开方。L2 标准化就是每个元素/L2 范数。到这里，输入进来的人脸图片，已经变成了一个经过 L2 标准化的长度为 128 的特征向量。

7.2.3 构建分类器（用于辅助 Triplet Loss 的收敛）

完成第三步后，就可以利用这个预测结果进行训练和预测了。由于仅使用 Triplet Loss 会使得整个网络难以收敛，本项目结合 Cross-Entropy Loss 和 Triplet Loss 作为总体 loss。Triplet Loss 用于进行不同人的人脸特征向量欧几里得距离的扩张，以及同一个人的不同状态的人脸特征向量欧几里得距离的缩小。Cross-Entropy Loss 用于人脸分类，具体作用是辅助 Triplet Loss 收敛。想要利用 Cross-Entropy Loss 进行训练需要构建分类器，因此对第三步获得的结果再次进行一个全连接并用于分类。当我们在进行网络的训练的时候，可使用分类器辅助训练，在预测的时候，分类器是不需要的，构建代码如下：

```
def facenet (input_shape, num_classes=None, backbone="mobilenet", mode="train"):
    inputs = Input(shape=input_shape)
    if backbone=="mobilenet":
        model = MobileNet(inputs)
    elif backbone=="inception_resnetv1":
        model = InceptionResNetV1(inputs)
    else:
    raise ValueError ( 'Unsupportedbackbone - `{}`, Use mobilenet, inception_
resnetv1. '.format(backbone))

    if mode== "train":
        x = Dense(num_classes)(model.output)
        x = Activation("softmax", name = "Softmax")(x)
        combine_model = Model(inputs,[x, model.output])
        return combine_model
    elif mode == "predict":
        return model
    else:
    raise ValueError ('Unsupportedmode - `{}`, Use train, predict. '.format(mode))
```

7.3 实训流程

7.3.1 数据集处理

本项目提供预处理过的 CASIA-WebFace 数据集，将属于同一个人的多张图片放到同一个文件夹里面，并且进行了人脸的提取和人脸的矫正。目录结构如图 7-3 所示，如果需要开启 LFW（Labeled Faces in the Wild，在野外标记的脸）进行训练评估，需要把 LFW 数据集拷贝到 lfs 文件夹下，这个数据集相当于一个验证集。

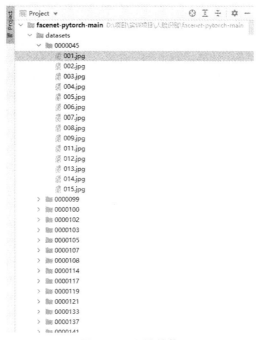

图 7-3　目录结构

7.3.2 生成图片索引 txt 文件

在模型的训练中，模型通过一个路径来读取训练集图片，因此需要生成一个 txt 文件作为指引。运行文件工程根目录下的 txt_annotation.py 文件：

```
#-----------------------------------------#
#   进行训练前需要利用这个文件生成 cls_train .txt
#-----------------------------------------#
import os

if __name__ == "__main__":
    #--------------------#
```

```
#    训练集所在的路径
#--------------------#
datasets_path        ="datasets"

types_name           =os.listdir(datasets_path)
types_name           = sorted (types_name)
```

```
list_file = open('cls_train.txt ', 'w ')
for cls_id, type_name in enumerate (types_name):
photos_path = os.path.join(datasets_path, type_name)
if not os.path.isdir(photos_path):
continue
photos_name = os.listdir(photos_path)
for photo_name in photos_name:
list_file.write(str(cls_id)  +  ";"  + '%s'% (os.path.join(os.path.abspath(datasets_path),
type_name, photo_name)))
list_file.write( '\n ')
list_file.close()
```

运行结果如图 7-4 所示，出现乱码是因为项目所在目录存在中文名字，在本项目中不影响程序正常运行，但是这容易在意想不到的时候带来 error（错误），建议路径不要包含中文字符：

```
0;D:\��L\ᶻv��L\����ᵛ��\facenet-pytorch-main\datasets\0000045\001.jpg
0;D:\��L\ᶻv��L\����ᵛ��\facenet-pytorch-main\datasets\0000045\002.jpg
0;D:\��L\ᶻv��L\����ᵛ��\facenet-pytorch-main\datasets\0000045\003.jpg
0;D:\��L\ᶻv��L\����ᵛ��\facenet-pytorch-main\datasets\0000045\004.jpg
0;D:\��L\ᶻv��L\����ᵛ��\facenet-pytorch-main\datasets\0000045\005.jpg
0;D:\��L\ᶻv��L\����ᵛ��\facenet-pytorch-main\datasets\0000045\006.jpg
0;D:\��L\ᶻv��L\����ᵛ��\facenet-pytorch-main\datasets\0000045\007.jpg
0;D:\��L\ᶻv��L\����ᵛ��\facenet-pytorch-main\datasets\0000045\008.jpg
0;D:\��L\ᶻv��L\����ᵛ��\facenet-pytorch-main\datasets\0000045\009.jpg
0;D:\��L\ᶻv��L\����ᵛ��\facenet-pytorch-main\datasets\0000045\011.jpg
0;D:\��L\ᶻv��L\����ᵛ��\facenet-pytorch-main\datasets\0000045\012.jpg
0;D:\��L\ᶻv��L\����ᵛ��\facenet-pytorch-main\datasets\0000045\013.jpg
```

图 7-4　运行结果

7.3.3　训练模型

在运行 train.py 前，需要确定选用的主干网络以及设置好对应的预训练权重。本项目提供两种主干网络选择：Inception_ResNetV1 以及 MobileNetV1，对应的预训练权重为

FaceNet_inception_resnetv1.pth 和 FaceNet_mobilenet.pth，建议预训练权重存放在项目根目录下 model_data 中。其余参数设置均以注释形式写在代码内，可以根据自己计算机配置进行调整。

```python
if __name__ == "__main__":
    #-----------------------------#
    #   是否使用 Cuda
    #   没有 GPU 可以设置成 False
    #-----------------------------#
    Cuda = True
    #--------------------------------------------------------#
    #   distributed     用于指定是否使用单机多卡分布式运行终端指令仅支持 Ubuntu。
    #                    CUDA_VISIBLE_DEVICES 用于在 Ubuntu 下指定显卡。
    #                    Windows 系统下默认使用 DP 模式调用所有显卡，不支持 DDP。
    #   DP 模式:
    #       设置            distributed = False
    #       在终端中输入      CUDA_VISIBLE_DEVICES=0,1 pythontrain .py
    #   DDP 模式:
    #       设置            distributed= True
    #       在终端中输入      CUDA_VISIBLE_DEVICES=0,1 python -mtorch .distributed.
launch--nproc_per_node=2 train.py
    #--------------------------------------------------------#
    Distributed = False
    #--------------------------------------------------------#
    #sync_bn 是否使用 sync_bn, DDP 模式多卡可用
    #--------------------------------------------------------#
    sync_bn = False
    #--------------------------------------------------------#
    # fp16            是否使用混合精度训练
    #                 可减少约一半的显存、需要 pytorch1.7.1 以上
    #--------------------------------------------------------#
    fp16 = False
    #--------------------------------------------------------#
    #指向根目录下的 cls_train.txt，读取人脸路径与标签
    #--------------------------------------------------------#
    annotation_path = "cls_train.txt"
    #--------------------------------------------------------#
    #   输入图像大小，常用设置如 [112, 112, 3]
```

107

```
#----------------------------------------------------------------------#
input_shape = [160, 160, 3]
#----------------------------------------------------#
#主干特征提取网络的选择
#       mobilenet
#       inception_resnetv1
#----------------------------------------------------#
Backbone = "mobilenet"
#--------------------------------------------------------------------------#
#       权值文件的下载请看 README，可以通过网盘下载。
#       模型的预训练权重比较重要的部分是主干特征提取网络的权值部分，用于进
行特征提取。
#       如果训练过程中存在中断训练的操作，可以将 model_path 设置成 logs 文件夹
下的权值文件，将已经训练了一部分的权值再次载入。
#       同时修改下方的训练的参数，来保证模型 epoch 的连续性。
#
#       当 model_path = ''的时候不加载整个模型的权值。
#
#       此处使用的是整个模型的权重，因此是在 train.py 进行加载的，pretrain 不影
响此处的权值加载。
#       如果想要让模型从主干的预训练权值开始训练，则设置 model_path = ''，
pretrain = True，此时仅加载主干。
#       如果想要让模型从 0 开始训练，则设置 model_path = ''，pretrain = Fasle，此
时从 0 开始训练。
#--------------------------------------------------------------------------#
model_path = "model_data/facenet_mobilenet .pth"
#--------------------------------------------------------------------------#
#       是否使用主干网络的预训练权重，此处使用的是主干的权重，因此是在模型
构建的时候进行加载的。
#       如果设置了 model_path，则主干的权值无须加载，pretrained 的值无意义。
#       如果不设置 model_path，pretrained = True，此时仅加载主干开始训练。
#       如果不设置 model_path，pretrained = False，此时从 0 开始训练。
#----------------------------------------------------------------------#
pretrained = False
#----------------------------------------------------------------------#
#       显存不足与数据集大小无关，提示显存不足请调小 batch_size。
#       受到 BatchNorm 层影响，不能为 1。
```

\#　在此提供若干参数设置建议，各位训练者根据自己的需求进行灵活调整：

\#　(一)从预训练权重开始训练：

\#　Adam:

\#　Init_Epoch = 0,Epoch = 100,　optimizer_type = 'adam',　Init_lr = 1e-3,weight_decay = 0。

\#　SGD:

\#　Init_Epoch = 0,Epoch = 100,　optimizer_type = 'sgd',　Init_lr = 1e-2, weight_decay = 5e-4。

\#　其中：　UnFreeze_Epoch 可以在 100 ~ 300 调整。

\#　(二)batch_size 的设置：

\#　在显卡能够接受的范围内，以大为好。显存不足与数据集大小无关，提示显存不足(OOM 或者 CUDA out of memory)，请调小 batch_size。

\#　受到 BatchNorm 层影响，batch_size 最小为 2，不能为 1。

\#　正常情况下 Freeze_batch_size 建议为 Unfreeze_batch_size 的 1 ~ 2 倍。不建议设置的差距过大，因为关系到学习率的自动调整。

```
#------------------------------------------------------------------------------#
#----------------------------------------------------#
#    训练参数
#    Init_Epoch       模型当前开始的训练世代
#    batch_size       每次输入的图片数量
#                     受到数据加载方式与 tripletloss 的影响
#                     batch_size 需要为 3 的倍数
#    Epoch            模型总共训练的 epoch
# ------------------------------------------------------------------------------ #
batch_size = 96
Init_Epoch = 0
Epoch = 100
```

7.3.4　修改权重路径

选择 log 文件夹下训练好的.pth 权重文件,文件名中两个 loss 越小越好;修改 facenet.py 中权重文件路径（注意需要与训练时的主干网络对齐）。

7.3.5　开始预测

运行 predict.py 文件，输入需要对比的两张图片即可获取相似度，如图 7-5 所示。

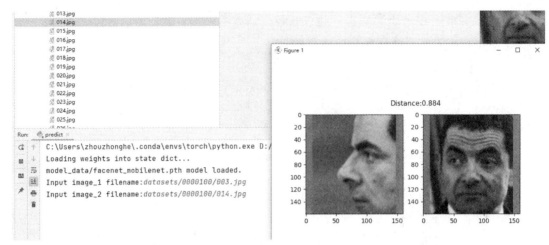

图 7-5　运行结果

7.4　总结展望

通过上述项目，同学们已经了解人脸识别的核心步骤，请根据代码进行扩展，实现视频状态下实时的人脸检测及识别。

路线一：采用 OpenCV 自带的 haar 或 Hog 级联分类器进行人脸检测，再将检测得到的人脸区域与数据库进行 FaceNet 相似度对比，最终获取识别结果。

路线二：采用目标检测网络如 YOLO、Faster-Rcnn 进行人脸目标检测，再将检测得到区域与数据库进行 FaceNet 相似度对比，最终获取识别效果。

第四部分

轨道交通智能化

典型工程案例

8 工程应用一 弓网燃弧检测

8.1 项目背景以及目标

弓网系统作为轨道交通牵引供电系统的重要组成部分，负责将牵引功率传输至电力机车，其良好的受流质量是牵引供电系统与电力机车运行的重要要求。而列车高速运行过程中因弓网系统的振动、弓网缺陷等因素都会影响弓网受流情况，从而导致弓网接触异常并产生离线火花甚至燃弧等现象。弓网燃弧是机械与电气相互作用的复杂产物，它会对通信系统造成干扰，加剧受电弓滑板与接触线之间的损耗，影响电力机车供电，危害列车运行安全。因此，研究弓网燃弧视觉检测与识别技术，对弓网燃弧进行动态监测，提高弓网检测系统的自动化和智能化水平，对于分析弓网运行时的受流质量，进而实时智能监测弓网运行状态具有重要意义与实际价值。

目前，燃弧的检测与识别方法主要分为人工巡检、传统检测和基于计算机视觉的检测算法。人工巡检的检测方法要求铁路作业人员沿铁路巡检，了解弓网系统受电状态，进而判断是否会发生弓网燃弧等情况。人工巡检的优点是灵活性，这意味着可以分别检测不同类型的故障，其缺点是效率低、不安全、人为干扰列车运行以及检测结果在很大程度上受环境和员工经验的影响。传统检测方法利用燃弧发生时产生的信号的变化来检测燃弧。国外根据检测燃弧的需求，开发了多用途的检测设备。与人工检测相比，传统检测方法更准确、更高效。然而，不同的测试程序需要不同的设备，一些设备会改变受电弓状态，从而导致检测结果不准确。

受电弓与接触网系统发生燃弧现象时，其主要特点是光学、热学和电磁特性，最明显的是光学特性。基于计算机视觉的燃弧检测算法是在采集弓网系统的图像后，利用图像处理或深度学习的模型与算法实现对弓网燃弧的检测与识别。基于图像处理的燃弧检测方法主要分为边缘提取、阈值分割、图像增强等，该方法具有低成本、便利和安全性高等特点，但算法误检率相较基于深度学习的燃弧检测算法比较高。近年来，基于深度学习的方法由于其强有力的特征提取与表达能力，在应用于弓网燃弧检测方面具有很大的潜力。但在深度神经网络模型训练过程中，需要大量的燃弧图像数据，而燃弧现象是弓网受流情况异常的反映，属于弓网系统的异常现象，相对难以获取。弓网燃弧图像数据不足，是基于深度学习的弓网燃弧检测方法须处理的问题，因此设计一种可不依赖燃弧数据的弓网燃弧检测算法具有重要意义。

8.2 数据采集及预处理

8.2.1 数据采集

通过对高铁车顶固定的单目摄像头拍摄到的视频数据进行预处理得到弓网图像数据，视频数据采集设备安装如图 8-1 所示。视频序列的帧宽度为 768 像素、帧高度为 576 像素，帧速率为 25 帧/秒，在整个视频序列中包含不同列车运行速度、不同曝光程度的视频。

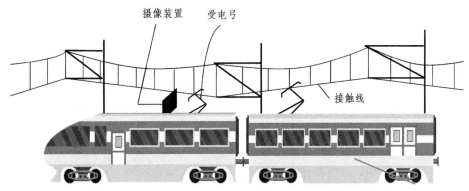

图 8-1 数据采集设备安装示意图

8.2.2 数据预处理

本次裁剪选取坐标的分别为：左上坐标点$(x_1, y_1) = (0, 0)$、右上坐标点$(x_2, y_2) = (490, 0)$、左下坐标点$(x_3, y_3) = (0, 380)$、右下坐标点$(x_4, y_4) = (490, 380)$。通过选取四个坐标点所包含的图像区域进行图像裁剪，得到用于网络训练的高铁弓网图像数据。裁剪后的图像如图 8-2 所示。

（a）　　　　　　　　　　　　　　　　　（b）

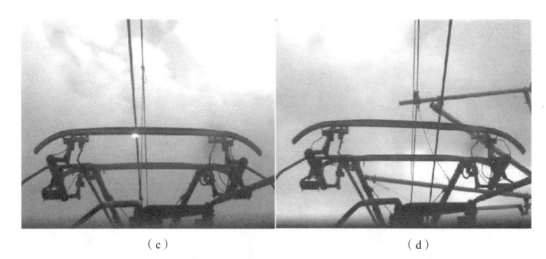

（c）　　　　　　　　　　　（d）

图 8-2　裁剪处理后的弓网图像

8.3　弓网燃弧检测算法总体设计

为提高弓网检测系统的自动化和智能化水平，针对弓网燃弧检测任务中弓网燃弧数据不足等难点，结合生成对抗网络在图像生成任务中计算量低以及生成质量良好的特点，提出了一种二阶段的融合语义分割与生成对抗网络的高铁弓网燃弧检测算法。该算法主要分为语义分割、场景生成以及燃弧检测三个阶段。在语义分割阶段，采用 U2-Net[33] 对弓网场景进行语义分割，U2-Net 利用两级嵌套的 U 型的网络结构，能有效地提取模块内多尺度特征和模块之间的多级特征，并且通过空洞卷积以及编解码结构避免直接放大或者缩小来融合不同比例的特征会导致高分辨率特征的退化。此外，通过改进 U2-Net 损失函数以及数据加载过程，使其适用于多目标弓网场景分割。在场景生成阶段，采用基于空间自适应归一化的语义图像合成网络（Semantic Image Synthesis with Spatially-Adaptive Normalization, SPADE）[34]，该网络在生成器结构中采用空间自适应归一化（Spatial Adaptive Normalization, SAN）模块将传统的批归一化层（Batch Normalization, BN）[35]的 γ 和 β 参数扩展成三维，使其能够保留住更多的输入图像的语义信息，从而能够更好地处理语义边缘信息。此外，针对生成网络对细小受电弓区域生成困难，本实验在 SAN 模块后添加通道注意力和空间注意力机制使得网络模型聚焦于具有语义特征的区域（即受电弓以及接触网区域），提升网络模型的生成能力。该模型鉴别器由 5 个卷积层以及 1 个归一层构成，实现对生成图像真假判别并迭代损失。在燃弧检测阶段，采用高斯滤波、ROI 提取、闭运算以及最大连通域判定等处理方法得到燃弧检测结果。本实验算法总体结构如图 8-3 所示，其中将真实图像作为改进 U2-Net 网络的输入，得到弓网场景分割图像，将弓网分割图像以及真实图像送入生成网络，得到生成弓网场景图像，最后通过相应的后处理算法得到燃弧检测结果。该算法主要有以下五点贡献：

（1）通过修改 U2-Net 的损失函数以及数据加载过程使得网络模型适用于弓网场景。

（2）设计了一种融合注意力机制的 SPADE 网络模型，针对 SPADE 对细小受电弓生成困难，本实验将注意力机制嵌入到 SPADE 网络模型，使得网络模型有了更好的图像生成能力。

（3）提出了一种融合语义分割和对抗生成网络的高铁燃弧检测方法，该方法具有较强的鲁棒性和准确性。

（4）构建了高铁弓网数据集。

（5）本实验算法为解决由于燃弧数据匮乏而难以训练弓网燃弧检测模型提供了一种有效的解决方案。

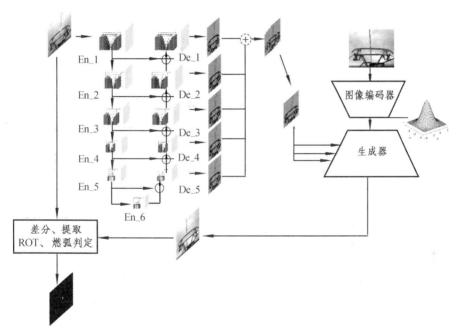

图 8-3　本实验算法总体结构示意图

8.4　网络训练、测试与验证

8.4.1　弓网燃弧检测算法实验配置

本项目实验的硬件环境为 Intel(R)处理器，主频 2.2 GHz，内存 16 GB，具体环境配置如表 8-1 所示。

表 8-1　具体环境配置

实验配置	版本信息
System	Ubuntu18.04.3LTS
GPU	NVIDIARTX2080TI：11 GB
CUDA	10.1
cuDNN	7.1
Python	3.7
Opencv-Python	4.5.1
Numpy	1.15.2
PIL	5.2.0
Pytorch	0.4.0
Torchvision	0.2.1
Dominate	≥2.3.1
Glob	0.6
Python-Opencv	4.1.0.25
Scikit-Image	0.14.0
Dill	0.3.4

在搭建弓网燃弧检测算法实验环境的过程中，首先需要在计算机中安装 CUDA，如未安装，请自行下载。之后需要安装表中的函数库，安装的命令为"pip install 函数库名"。图 8-4 所示为安装 glob 模块的命令示范，安装其余函数库命令类似，只需要更改函数库名。

```
Microsoft Windows [版本 10.0.19044.2251]
(c) Microsoft Corporation。保留所有权利。

(ggx) D:\postgrduate\data\arc_dection\U-2-Net-master>pip install glob
```

图 8-4　函数库安装命令示范

8.4.2　弓网分割阶段

弓网分割训练过程的重要训练参数如表 8-2 所示。

表 8-2　弓网分割训练过程的重要训练参数

参 数 名 称	参 数 值
Batch Size	12
初始学习率	0.001
优化器	Adam
学习率一阶衰减动量	0.9
学习率二阶衰减动量	0.999
训练批次	5000

基于 U2-Net 的弓网图像分割算法的具体实践过程：

（1）本次实验的整体文件夹如图 8-5 所示，首先利用集成开发环境打开 U2-Net 的文件夹，U2-Net 的文件夹名为 U-2-Net-master。此次采用 PyCharm 作为的集成开发环境，其版本为 2019 社区教育版，在其打开 U2-Net 的文件夹后，页面如图 8-6 所示。

图 8-5　实验整体文件夹示意图

图 8-6　PyCharm 示意图

（2）双击图 8-6 中左列的 u2net_train.py，在 terminal（命令终端）中输入"python u2-net_train.py"并敲击回车进行训练，如图 8-7 所示。

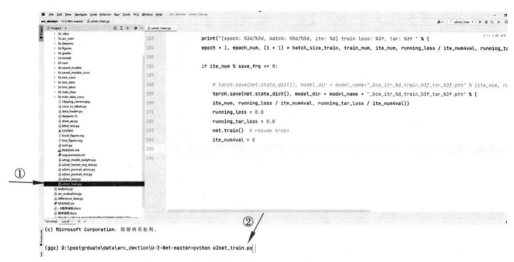

图 8-7　训练过程示意图

（3）在训练完成之后进行预测，找到 U2-Net-master/saved_models/u2net 文件夹中最后一个.pth 文件，并将其名字粘贴在如图 8-8 所示位置。双击图 8-6 中左列的 u2net_test.py，在 terminal 中输入"python u2net_test.py"并敲击回车进行训练，如图 8-9 所示。最后的图像分割结果保存在 test_data 文件夹中。

```
def main():

    # --------- 1. get image path and name ---------
    model_name='u2net'#u2netp

    path_name = 'u2net_bce_itr_55000_train_4.084600_tar_0.554185'

    # image_dir = os.path.join(os.getcwd(), 'test_data', 'test_coco')
    # prediction_dir = os.path.join(os.getcwd(), 'test_data', model_name + '_coco' + '_results' + os.sep)
    # model_dir = os.path.join(os.getcwd(), 'saved_models', model_name + '_two', path_name + '.pth')

    # image_dir = os.path.join(os.getcwd(), 'test_data', 'test_images')
    # prediction_dir = os.path.join(os.getcwd(), 'test_data', model_name + 'results' + os.sep)
    model_dir = os.path.join(os.getcwd(), 'saved_models', model_name, path_name + '.pth')
    image_dir = 'D:\\postgrduate\\dataset\\Images\\pantograph03'
    prediction_dir ='D:\\postgrduate\\dataset\\pre\\'

    img_name_list = glob.glob(image_dir + os.sep + '*')
```

图 8-8　模型调用示意图

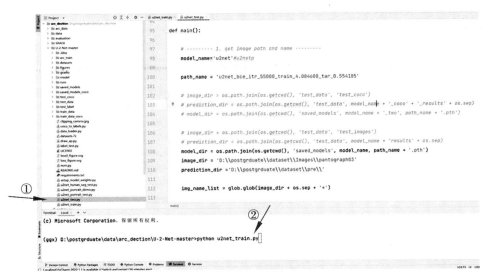

图 8-9　测试过程示意图

8.4.3　弓网图像生成阶段训练

弓网图像生成训练过程的重要训练参数如表 8-3 所示。

表 8-3　弓网图像生成训练过程的重要训练参数

参数名称	参数值
Batch Size	1
初始学习率	0.000 2
优化器	Adam
学习率一阶衰减动量	0
学习率二阶衰减动量	0.9
训练批次	80

基于 SPADE 的弓网图像生成算法的具体实践过程：

（1）首先利用 PyCharm 打开名为 SPADE 的文件夹，再利用 PyCharm 打开 SAPDE 的文件夹后，双击 train.py、在 terminal 中输入 "python train.py--name [experiment_name] --dataset_mode custom--label_dir [path_to_labels]--image_dir [path_to_images]--label_nc 181 --no_instance" 进行网络训练，如图 8-10 所示。其中，[experiment_name]表示实验名字，可自己进行命名；[path_to_labels]表示 SPADE/custom_data/train_label 的文件路径；[path_to_images]表示 SPADE/custom_data/train_img 的文件路径。

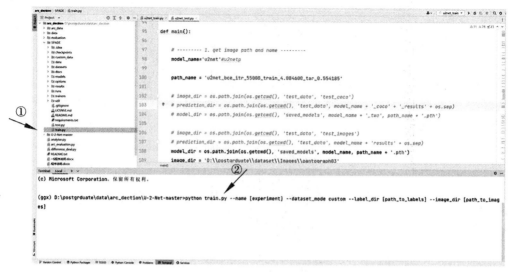

图 8-10 SPADE 训练示意图

（2）在训练完成之后进行预测，双击左侧 test.py，在 terminal 中输入 "python test.py --name [name_of_experiment] --dataset_mode custom --label_dir [path_to_labels] -- image_dir [path_to_images]"，得到生成图像。其中，[name_of_experiment]表示实验名字，[path_to_labels]表示 SPADE/custom_data/test_label 的文件路径，[path_to_images]表示 SPADE/custom_data/test_img 的文件路径，其生成图像结果保存在 SPADE/result 文件夹中。

8.4.4　燃弧检测

利用 PyCharm 打开 difference_deal.py 文件后，点击右上侧的运行按钮得到燃弧检测结果，如图 8-11 所示。

```python
#    label = cv2.resize(label,(256,256))


# 单通道
grayA = cv2.cvtColor(ori, cv2.COLOR_BGR2GRAY)
grayB = cv2.cvtColor(generation, cv2.COLOR_BGR2GRAY)
gray_label = cv2.cvtColor(label,cv2.cv2.COLOR_BGR2GRAY)

height, width = ori.shape[0], ori.shape[1]   # 0是行数，1是列数

img = np.zeros((height, width), dtype=grayA.dtype)

# 差分 非号网区域集了一个系数
for m in range(height):
    for n in range(width):
        if(gray_label[m][n] == 0):
            img[m][n] = 2 * math.fabs(int(grayB[m][n]) - int(grayA[m][n]))
        else:
            img[m][n] = math.fabs(int(grayB[m][n]) - int(grayA[m][n]))
```

图 8-11 燃弧检测程序运行示意图

8.5 总结与展望

燃弧现象反映了弓网系统的受流质量，燃弧的发生会影响弓网系统使用寿命以及危害列车运行安全。因此，研究弓网燃弧视觉检测与识别技术，对弓网燃弧进行动态监测，提高弓网检测系统的自动化和智能化水平，对于分析弓网运行时的受流质量，进而实时智能监测弓网运行状态具有重要意义与实际价值。本实验依据语义分割、生成对抗网络深度神经网络以及数字图像处理方法，设计研究了一种融合语义分割与生成对抗网络的弓网燃弧检测算法，该算法为深度卷积神经网络严重依赖燃弧数据的困难提供了一种解决思路，并通过实验结果验证了该方法的有效性与准确性。本次实验主要研究内容与结果如下：

（1）利用 Labelme 软件标注受电弓、接触网以及背景，熟悉数据处理过程，构建弓网数据集。

（2）学习基于深度学习的语义分割方法，训练基于 U2-Net 的弓网图像语义分割模型，获得弓网分割图像。

（3）学习基于生成对抗网络的图像生成方法，构建基于 SPADE 的弓网场景生成模型，重构正常弓网图像，并采用相应的图像处理技术提取燃弧，得到燃弧检测结果。

本次实验研究的算法实现了对弓网燃弧的检测，在未来的学习研究中可以进一步研究：

（1）模型轻量化以满足实际部署与检测速度需求。

（2）增强弓网数据集及其数据处理工作。

（3）设计相应的燃弧检测评估方法并加强性能评估实验。

8.6 附录

8.6.1 数据集

详见 U-2-Net-master/train_data、SPADE/custom_data 以及 arc_data 文件夹。图 8-12 展示了部分数据库数据，本实验部分燃弧检测结果如图 8-13 所示。

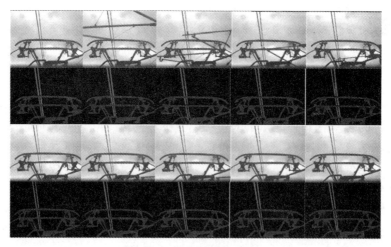

图 8-12　数据库示意图

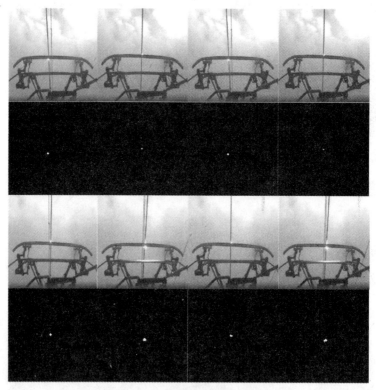

图 8-13　燃弧检测结果示意图

8.6.2　算法程序

1. 弓网分割阶段程序

```
import os
import torch
```

```python
import torchvision
from torch.autograd import Variable
import torch.nn as nn
import torch.nn.functional as F
from torch.utils.data import Dataset, DataLoader
from torchvision import transforms, utils
import torch.optim as optim
import torchvision.transforms as standard_transforms

import numpy as np
import glob
impor tos

from data_loader import Rescale
from data_loader import RescaleT
from data_loader import RandomCrop
from data_loader import ToTensor
from data_loader import ToTensorLab
from data_loader import SalObjDataset

from model import U2NET
from model import U2NETP
from torch.utils.tensorboard import SummaryWriter

# ------- 1 . definelossfunction --------

bce_loss = nn.BCELoss(size_average=True)

def muti_bce_loss_fusion (d0, d1, d2, d3, d4, d5, d6, labels_v):

    #loss0 = bce_loss(d0,labels_v)
    #loss1 = bce_loss(d1,labels_v)
    #loss2 = bce_loss(d2,labels_v)
    #loss3 = bce_loss(d3,labels_v)
    #loss4 = bce_loss(d4,labels_v)
    #loss5 = bce_loss(d5,labels_v)
    #loss6 = bce_loss(d6,labels_v)
```

```python
loss0 = nn.CrossEntropyLoss()(d0,labels_v.long().squeeze(dim=1))
loss1 = nn.CrossEntropyLoss()(d1,labels_v.long().squeeze(dim=1))
loss2 = nn.CrossEntropyLoss()(d2,labels_v.long().squeeze(dim=1))
loss3 = nn.CrossEntropyLoss()(d3,labels_v.long().squeeze(dim=1))
loss4 = nn.CrossEntropyLoss()(d4,labels_v.long().squeeze(dim=1))
loss5 = nn.CrossEntropyLoss()(d5,labels_v.long().squeeze(dim=1))
loss6 = nn.CrossEntropyLoss()(d6,labels_v.long().squeeze(dim=1))
loss= loss0 + loss1 + loss2 + loss3 + loss4 + loss5 + loss6
print ("l0:%3f, l1:%3f, l2:%3f, l3:%3f, l4:%3f, l5:%3f, l6:%3f\n"% (loss0.data.item(),
loss1.data.item(),loss2.data.item(),loss3.data.item(),loss4.data.item(),loss5.data.item(),loss6.
data.item()))

    return loss0, loss

# ------- 2 . set the directory of training dataset --------

model_name = 'u2net ' #'u2netp'

data_dir = os.path.join(os.getcwd(), 'train_data_coco ' + os.sep)
tra_image_dir = os.path.join( 'images ' + os.sep)
tra_label_dir = os.path.join( 'labels ' + os.sep)

image_ext = '.jpg '
label_ext = '.png '

model_dir = os.path.join(os.getcwd(), 'saved_models_coco ', model_name+ os.sep)
print (model_dir)
epoch_num = 100000
batch_size_train = 12
batch_size_val = 1
train_num = 0
val_num = 0

tra_img_name_list = glob.glob(data_dir+ tra_image_dir+ '* ' + image_ext)

tra_lbl_name_list = []
for img_path in tra_img_name_list:
    img_name = img_path.split(os.sep)[-1]

    aaa = img_name.split(".")
    bbb = aaa[0:-1]
    imidx = bbb[0]
    for i in range(1,len (bbb)):
        imidx = imidx+ "." + bbb[i]
```

```
        tra_lbl_name_list.append(data_dir+ tra_label_dir+ imidx+ label_ext)

    print ("---")
    print ("trainimages: ", len(tra_img_name_list))
    print ("trainlabels: ", len(tra_lbl_name_list))
    print ("---")

    train_num = len(tra_img_name_list)

    salobj_dataset = SalObjDataset(
        img_name_list=tra_img_name_list,
        lbl_name_list=tra_lbl_name_list,
        transform=transforms.Compose([
            RescaleT(320),
            RandomCrop(256),
            ToTensorLab(flag=0)]))
    salobj_dataloader = DataLoader(salobj_dataset, batch_size=batch_size_train, shuffle=True,
num_workers=1)

    # ------- 3 . definemodel --------

    # definethenet
    if (model_name== 'u2net '):
        net = U2NET(3, 2)
    elif (model_name== 'u2netp '):
        net = U2NETP(3,1)
    if torch .cuda .is_available():
        net .cuda()

    #------- 4 . defineoptimizer --------
    print("---defineoptimizer . . .")
    optimizer = optim .Adam(net.parameters(), lr=0.001, betas= (0.9, 0.999), eps=1e-08,
weight_decay=0)

    #------- 5 . trainingprocess --------
    print ("---starttraining . . .")
    ite_num = 0
    running_loss = 0.0
    running_tar_loss = 0.0
    ite_num4val = 0
    save_frq = 5000 # savethemodelevery 2000 iterations

    log_writer = SummaryWriter()
```

```
for epoch in range (0, epoch_num):
    net .train()

    for i, data in enumerate (salobj_dataloader):
        ite_num = ite_num+1
        ite_num4val = ite_num4val+1

        inputs, labels = data[ 'image '], data[ 'label ']

        inputs = inputs.type(torch.FloatTensor)
        labels = labels.type(torch.FloatTensor)

        #wraptheminVariable
        if torch .cuda.is_available():
            inputs_v, labels_v = Variable(inputs .cuda(), requires_grad=False),
            Variable (labels.cuda(), requires_grad=False)
        else:
            inputs_v, labels_v = Variable(inputs, requires_grad=False),
            Variable(labels, requires_grad=False)
        # y zero the parameter gradients
        optimizer.zero_grad ()
        #forward + backward + optimize
        d0, d1, d2, d3, d4, d5, d6 = net(inputs_v)
        loss2,loss = muti_bce_loss_fusion(d0, d1, d2, d3, d4, d5, d6, labels_v)

        loss.backward()
        optimizer.step()

        # # printstatistics
        running_loss += loss.data.item()
        running_tar_loss += loss2.data.item()

        log_writer.add_scalar('loss_figure ', loss, epoch)
        log_writer.add_scalar('loss0_figure ',loss2,epoch)

        #deltemporaryoutputsandloss
        del d0, d1, d2, d3, d4, d5, d6, loss2, loss

        print ("[epoch: %3d/%3d, batch: %5d/%5d, ite: %d] trainloss: %3f, tar: %3f" %
        (epoch + 1, epoch_num, (i + 1) * batch_size_train, train_num, ite_num, running_ loss
        / ite_num4val, running_tar_loss / ite_num4val))

        if ite_num % save_frq == 0:

            #torch.save (net.state_dict(), model_dir + model_name+"_bce_itr_%d_train_
```

```
%3f_tar_%3f.pth" % (ite_num, running_loss / ite_num4val, running_tar_loss /
ite_num4val))
        torch.save (net.state_dict(), model_dir + model_name + "_bce_itr_%d_train_
%3f_tar_%3f.pth" % (ite_num, running_loss / ite_num4val, running_tar_loss /
ite_num4val))
        running_loss = 0.0
        running_tar_loss = 0.0
        net.train()    # resumetrain
        ite_num4val = 0
```

2. 弓网图像生成阶段程序

```
import sys
from collections import OrderedDict
from options.train_options import TrainOptions
import data
from util.iter_counter import IterationCounter
from util.visualizer import Visualizer
from trainers.pix2pix_trainer import Pix2PixTrainer
from torch.utils.tensorboard import SummaryWriter

#parseoptions
opt = TrainOptions().parse()

# print options to help debugging
print( ' '.join(sys.argv))

# load the dataset
dataloader = data.create_dataloader(opt)

# create trainer for our model
trainer = Pix2PixTrainer(opt)

#create tool for counting iterations
iter_counter = IterationCounter(opt, len (dataloader))

#create tool for visualization
visualizer = Visualizer(opt)

log_writer = SummaryWriter()
for epoch in iter_counter.training_epochs():
    iter_counter.record_epoch_start(epoch)
    for i, data_i in enumerate(dataloader, start=iter_counter.epoch_iter):
```

```
                    iter_counter.record_one_iteration()

                    #Training
                    #traingenerator
                    if i % opt.D_steps_per_G == 0:
                        trainer.run_generator_one_step (data_i)

                    # train discriminator
                    trainer.run_discriminator_one_step (data_i)

                    # Visualizations
                    if iter_counter.needs_printing():
                        losses = trainer.get_latest_losses()
                        visualizer.print_current_errors(epoch,iter_counter.epoch_iter,losses,iter_cou
                nter.time_per_iter)
                        visualizer.plot_current_errors(losses, iter_counter.total_steps_so_far)

                    if iter_counter.needs_displaying():
                        visuals = OrderedDict([( 'input_label ', data_i[ 'label ']),
                                        ( 'synthesized_image ', trainer.get_latest_generated()),
                                        ( 'real_image ', data_i[ 'image '])])
                        visualizer.display_current_results(visuals, epoch, iter_counter.total_ steps_so_far)

                    if iter_counter.needs_saving():
                        print ( 'savingthelatestmodel (epoch%d, total_steps%d)' % (epoch, iter_
                counter.total_steps_so_far))
                        trainer.save ('latest')
                        iter_counter.record_current_iter()

        D_v = 0
        G_v = 0
        loss_test = trainer.get_latest_losses()
        for k, v in loss_test.items():
            #print(v)
            #if v != 0:
            if (k == 'D_real ' or k == 'D_Fake '):

                v = v.mean().float()
                D_v += v
            else:
                v = v.mean().float()
                G_v += v
```

```
log_writer.add_scalar( 'loss_g ', G_v, epoch)
log_writer.add_scalar( 'loss_d ', D_v, epoch)
trainer.update learning rate(epoch)
iter_counter.record_epoch_end()

if epoch % opt.save_epoch_freq == 0 or \
    epoch == iter_counter.total_epochs:
    print ( 'saving the model at the end of epoch %d, iters %d' %
        (epoch, iter_counter.total_steps_so_far))
    trainer.save ('latest')
    trainer.save(epoch)

print ( 'Training was successfully finished. ')
```

3. 燃弧检测阶段程序

```python
import os
import numpy as np
import cv2
from skimage import morphology,measure
import math
import matplotlib.patches as mpatches

def arc(Coefficient,Thres,Kernel):
    # 原图路径
    img_path = './arc_data/resize_images '
    #生成图片路径
    generation_path = './arc_data/generation'

    # 标签路径
    path_label = './arc_data/resize_label'

    # 存储路径
    save = './arc_data/result_test '
    names = os.listdir(img_path)
    for i in range(len (names)):
        #读取
        ori = cv2.imread(img_path + '/ ' + names[i])
        # ori = cv2 .resize(ori,(256,256),)
        generation = cv2.imread(generation_path + '/ ' + names[i].split( '. ')[0] + '.png ')
        # generation = cv2 .resize(generation,(256,256))
```

```
label = cv2.imread(path_label + '/' + names[i].split( '. ')[0] + '.png ') # label =
cv2 .resize(label,(256,256))

# 单通道
grayA = cv2.cvtColor(ori, cv2.COLOR_BGR2GRAY)
grayB = cv2.cvtColor(generation, cv2.COLOR_BGR2GRAY)
gray_label = cv2.cvtColor(label,cv2.cv2.COLOR_BGR2GRAY)

height, width = ori.shape[0], ori.shape[1]    # 0 是行数， 1 是列数

img = np.zeros((height, width), dtype=grayA.dtype)

#差分      非弓网区域乘了一个系数
for m in range(height):
    for n in range(width):
        if (gray_label[m][n] == 0):
            img[m][n]      =      Coefficient*     math.fabs(int(grayB[m][n])
            -int(grayA[m][n]))     # 这是一个参数
        else:
            img[m][n] = math.fabs(int(grayB[m][n]) - int(grayA[m][n]))

img = cv2 .GaussianBlur(img, (7,7), 0)

img_copy = np.zeros((height, width), dtype=img.dtype)
image = img[100 :200, 60 :180]
max_value = np.max(image)

# 闭运算
kernel = cv2 .getStructuringElement(cv2 .MORPH_RECT, (Kernel, Kernel))
# 这是一个参数
iClose = cv2 .morphologyEx(image, cv2 .MORPH_CLOSE, kernel)
ret,thresh_A = cv2 .threshold(iClose, Thres*max_value, max_value, cv2. THRESH_
BINARY)
labeled_img, num = measure.label(thresh_A, background=0, return_num=True,
connectivity=2)

# 燃弧判定
area_list = []
for region in measure.regionprops(labeled_img):
    top,left,bottom,right = region.bbox
    if ((right-left)/ (bottom-top) > 2 or top > 60):        # 这是一个参数
        h,w = region.coords.shape
        for x in range(h):
```

```
        labeled_img[region .coords[x][0]][region.coords[x][1]] = 0
    else:
        area_list.append(region .area)
#选择最大面积为燃弧
area_list.sort(reverse=True)
# print(area_list)
if (len(area_list) > 1):
    result = morphology .remove_small_objects(labeled_img, area_list[0])
else:
    result = labeled_img
result = np .array(result, dtype=np .uint8)
for m in range(result.shape[0]):
    for n in range(result .shape[1]):
        if (result[m][n]     != 0):
            result[m][n] = 255
img_copy[100 :200,60 :180] = result
#cv2 .imshow('result',img_copy)
# cv2 .waitKey()
# cv2 .destroyAllWindows()
cv2.imwrite(save+ '/ ' + names[i],img_copy)
```

9 工程应用二 牵引变电所异物入侵检测

9.1 项目背景及目标

　　牵引变电所是牵引供电系统的关键供电设施，主要承担将电力系统电能变换供给电力机车的任务，在推进牵引变电所"无人化"的过程中，其运行安全问题变得更加突出。牵引变电所通常所处环境复杂，且大量的设备安装在室外，这些设备长期暴露在室外易受外来异物的侵扰（风筝、塑料袋、地膜、孔明灯、气球等）而产生安全隐患。这些异物附着或缠绕在关键设备上，若不能及时被发现并进行清理，可能引起电气击穿、短路等问题，损坏设备和元件，同时击穿产生的电弧还可能引燃异物继而引发火灾。此外，异物可能遮挡、附着在传感器上，影响正常数据的采集，从而导致检测设备不能获得准确的信息，做出错误指示进而影响变电所正常运行，严重时可能还会损毁供变电装置，给牵引变电所的运行安全带来风险和隐患。因此，对牵引变电所区域进行有效的异物入侵检测并判别异物位置具有重要意义和实际价值。

　　传统的变电所巡检方法主要靠人工巡检。该方式虽然简单易行，但效率低、巡检周期长，且存在安全隐患。随着电气化铁路朝着安全、高效、经济、绿色、智能的方向发展，变电所"无人化"是牵引供电系统发展趋势，越来越多的变电所逐步建设安装视频监控系统和各类报警装置，以实现无人值守。与传统的人工巡检方式相比，对"无人化"牵引变电所进行全面的自动化监测，实时准确地发现、定位、跟踪、识别其运行异常是实现高铁牵引供电系统智能化运营维护的重要内容。基于深度学习[19]的图像检测技术应用于牵引变电所异物入侵检测具有很大的潜力，但在深度神经网络模型训练过程中，牵引变电所异物图像数据不足，这是基于深度学习的异物入侵检测方法须处理的问题。因此本实验设计了一种基于块聚类学习的牵引变电所异物入侵检测算法，实现对牵引变电所区域异物入侵情况的实时监测。

9.2 项目数据采集及预处理

9.2.1 图像数据的获取

　　本项目数据是通过某牵引变电所不同位置安装的监控设备采集得到，即原始数据为视频格式。因为模型训练、测试、验证等工作需要图像格式的数据，所以首先对原始视频数据进行分帧处理以获取图像数据,这里采用开源计算机视觉软件库 OpenCV 读取原始视频数据,随后将处理得到的图像帧按序命名保存,组成候选图像库。候选图像库中的图像数据背景包含晴天、夜晚场景图以及不同视角的图片等,有的图像背景包含强光、弱光等不同的光照情况。摄像头采集到的原始帧图像如图 9-1 所示,其像素分辨率为 $1\,920 \times 1\,080$。由于原始帧图像中存在视频记录的时间信息以及一些多余的背景信息,因此为了去除这些信息的干扰,保证算法的检测效果,先对获取的原始图像进行裁剪处理,裁剪后的图像像素分辨率为 $1\,440 \times 960$。处理后的候选图像库中的图像如图 9-2 所示。

图 9-1 原始牵引变电所图像

图 9-2 候选图像库中的不同场景图

9.2.2 数据处理

1. 数据增强

本项目使用的牵引变电所数据是基于某牵引变电所采集的真实图像数据。由于实际中未能采集到异物入侵的图像数据,因此采用人工制作方式进行数据增强,异物主要有地膜、塑料袋和风筝两类，如图 9-3 所示（方框中为地膜或塑料袋，圆圈中为风筝）。

图 9-3　人工生成的异常图

2. 数据分块处理

本项目使用的图像数据主要为高压开关区域图像，实验过程中发现直接将 1 440×960 像素的变电所图片输入采用 Patch SVDD 方法的系统进行训练、测试，结果检测与定位效果并不理想，并存在异常检测精度不高、定位不精以及有些异常未能定位等问题。在研究图像数据特点与异物大小等信息后，本项目考虑缩小网络输入尺寸，因此将 1440×960 像素的图像分割为若干 480×480 像素图像块，然后再一次分割为若干 80×80 像素的图像块，数据的分块处理如图 9-4 所示。

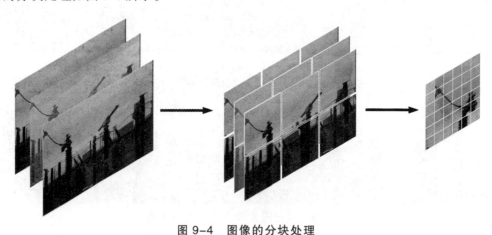

图 9-4　图像的分块处理

9.2.3　数据集准备

将数据保存至项目文件夹中（文件夹以研究对象命名，见图 9-5），ground_truth 用于存放经过数据标注工具异物分割后的二值图像；test 文件夹中包括 anomaly 与 good 两个子文件夹，分别用于存放异常样本数据和正常样本；train 文件夹存放用于训练的正常样本。

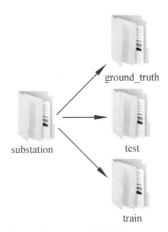

图 9-5 数据集

9.3 牵引变电所异物入侵检测算法设计

9.3.1 改进的 Patch SVDD 异物入侵检测算法

Patch SVDD[37]方法是在整个图像上以滑动窗口的形式进行图像块的采样,然后使用编码器对每个图像块进行编码提取特征,而不同于 Deep SVDD[38]将整张图像输入(见图 9-6),针对图像的每个位置都产生检测结果,不仅提高了整体检测性能,还可以定位异常或缺陷的位置。

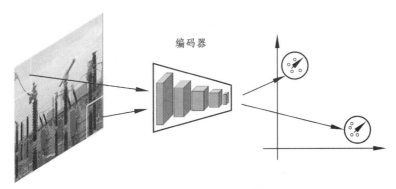

图 9-6 Patch SVDD 模型

但是采样得到的图像块具有较高的类内变异,如一些图像块对应于背景,而其他片包含对象,因此,将不同图像块的所有特征映射到单个中心显然是不合适的。为了解决这个问题,Patch SVDD 则不指定中心 c,而是训练编码器来自行聚集语义相似的图片块。其具体做法是通过对空间上相邻的图片块进行采样,得到语义相似的块,然后使用如下损失函数对编码器 f_θ 进行训练,使得其特征之间的距离最小:

$$L_{\mathrm{SVDD'}} = \sum_{i,i'} \| f_\theta(p_i) - f_\theta(p_{i'}) \|^2 \qquad (9.1)$$

135

其中，p_i' 是 p_i 附近的一个图像块。

另外，考虑到实际中异常区域（异物）大小并不一致，Patch SVDD 方法通过部署多个不同尺寸的感受野的编码器以应对这种异常区域大小的变化。因此引入了级联编码器，级联编码器定义如下公式：

$$f_{\text{big}}(p) = g_{\text{big}}(f_{\text{small}}(p)) \tag{9.2}$$

级联编码器结构如图 9-7 所示。

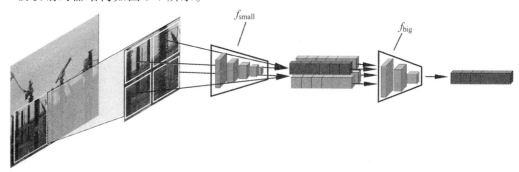

图 9-7 级联编码器结构图

如图 9-7 所示，输入图片块 p 被划分为 2×2 个子图片块，子图片块分别使用 f_{small} 编码器进行独立编码，最后再将它们编码后的特征聚合为图像块 p 的特征。每个感受野为 K 的编码器都接收图片块大小为 K 的自监督任务训练。整个实验中大编码器与小编码器的感受野大小分别为 $K_1 = 64$ 和 $K_2 = 32$，即实验过程中输入的图片分别被尺寸 $K_1 = 64$、对应步长 $S_1 = 16$ 和 $K_2 = 32$、对应步长 $S_2 = 4$ 的大小两种窗口进行滑动采样，获取图片块。

由于只使用 L_SVDD′损失函数会使得编码器对所有图像块的编码结果趋于相似，即将其映射到同一个中心附近，这是应该避免的。因此，为了使不同的图像块具有一定的区分度，也就是让编码器学习到更有效的特征，该方法引入了自监督学习[22]，通过训练了一对编码器和分类器来预测两个图片块的相对位置，从而在原始编码结果中增加位置信息，如图 9-8 所示。一对表现良好的编码器意味着在训练好之后能够提取有用的特征，使后续的分类器能够正确预测两个图片块的相对位置。

对于一个随机采样得到的图片块 p_i，在以 p_i 为中心的 3×3 的网格中，从相邻的八个区域中取样另一个图片块 $p_{i'}$，如图 9-8 所示。

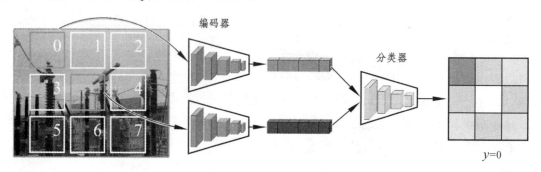

图 9-8 位置判别网络

假设真实的相对位置是 $y \in \{0,\cdots,7\}$，然后训练分类器 C_φ 以正确预测图片块 p_i' 与网格中心图片块 p_i 的相对位置。实验中编码器的感受野同采样图片块的尺寸一致。为了防止分类器获取色差等捷径而影响定位效果，实验中对图片块进行 RGB 通道随机扰动，添加了噪声。在 LSVDD′损失函数的基础上，引入 LCL 损失函数进行训练，使得预测值与真实值之间的交叉熵（Cross-Entropy）最小化：

$$L_{CL} = Cross - Entropy(y, C_\varphi(f_\theta(p_i), f_\theta(p_{i'}))) \tag{9.3}$$

最终本项目使用两个损失函数与超参数 λ 的组合函数来训练编码器，如式（9.4）所示：

$$L_{total} = \lambda L_{SVDD'} + L_{CL} \tag{9.4}$$

编码器模块本项目使用中心差分卷积（Central Difference Convolution，CDC）[23]进行图像块的特征提取。中心差分卷积较于常规卷积，其对细粒度信息提取与环境鲁棒性更强，其运算如图 9-9 所示。

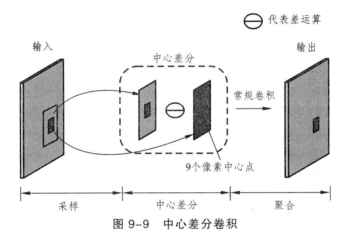

图 9-9　中心差分卷积

常规卷积主要由采样与聚合两个步骤组成，而中心差分卷积则在采样与聚合之间加入了一个中心差分运算，其具体过程以 3×3 卷积为例，卷积核在特征图上滑动扫描，在聚合前（即和卷积核权重进行点乘操作），提取出 3×3 卷积核对应区域中的 9 个像素点，并选出这 9 个像素的中心点（见图 9-9），然后将中心点的像素值与其余 9 个（包括它本身）像素点相减，得到 9 个中心差分后的更新像素值，最后以这 9 个更新值再与卷积核权重进行点积聚合得到最终的输出值。为了提取高层次的语义信息与细节信息，广义的中心差分卷积定义为一个常规卷积与中心差分卷积的结合，并通过超参数 θ 调整两者的权重：

$$y(p_0) = \sum_{p_n \in R} w(p_n) \cdot x(p_0 + p_n) + \theta(-x(p_0) \cdot \sum_{p_n \in R} w(p_n)) \tag{9.5}$$

其中，p_0 表示输入和输出特征图上的当前位置，p_n 为感受野 R 中的其他位置，$\theta \in [0, 1]$。

级联编码器中两个编码器 f_{small}、f_{big} 结构分别如图 9-10、图 9-11 所示。

4 个子图像块经过相同的编码器 f_{small} 后输出 4 个大小为 $64 \times 1 \times 1$ 特征图，然后在 PyThorch 框架中使用 torch.cat 函数将 4 个特征图在最后两个维度上进行特征拼接操作，得到一个大小 $64 \times 2 \times 2$ 的特征图，即 4 个 32×32 像素子图像块的特征最后聚合为原尺寸图像块的特征。随后将聚合后的特征图输入 f_{big} 编码器,f_{big} 编码器包括两层卷积层,第一次卷积后的激活函数仍然是 Leaky_ReLU 函数,第二次卷积后的激活函数是 Tanh 函数。

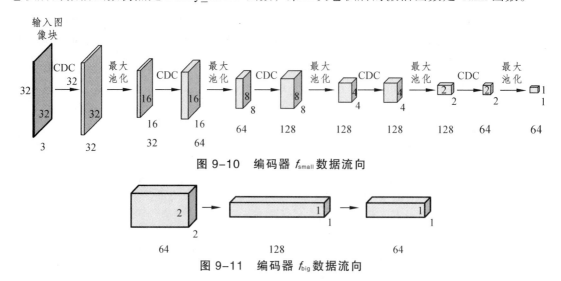

图 9-10 编码器 f_{small} 数据流向

图 9-11 编码器 f_{big} 数据流向

如图 9-11 所示,一个大小为 $64 \times 2 \times 2$ 的特征图经过 128 个大小为 2×2、步长为 1、padding 为 0 的卷积操作后得到 $128 \times 1 \times 1$ 的特征图,随后再经过 1×1 的卷积输出 $64 \times 1 \times 1$ 的特征图。当输入图像块尺寸为 $K_2 = 32$ 时,其会被送入编码器 f_{small} 提取特征,特征提取过程与上述的子图像块的特征提取完全一致。本项目方法所使用的位置分类器是一个两层 MLP 模型,每层有 128 个隐藏单元,其输入是两个图像块的特征之差(两个特征图做差之前先使用 torch.view 函数展开为二维数据),如图 9-12 所示,根据损失函数训练出一个表现良好的分类器,能够准确地预测出两个图像块的相对位置,可为编码信息增加可靠的位置信息。

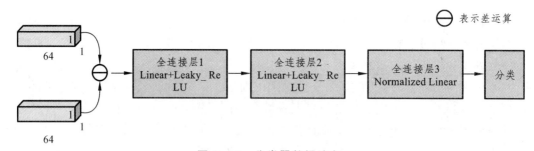

图 9-12 分类器数据流向

9.3.2 异物入侵检测的实现

编码器训练之后,编码器学习到的表示即可用来检测异常。训练期间对编码器学习到每个正常图像块的表示 $\{f_\theta(pnormal)|pnormal\}$ 计算并保存。在测试阶段,给定一张检测图像 x,在图像 x 内对于每个尺寸为 K、步长为 S 的图片块 p,在特征空间中搜索与其最接近的

正常图片块 p_{cn}，然后将二者之间的 L_2 距离定义图像块 p 的异常分数 $A_\theta^{\mathrm{patch}}$：

$$A_\theta^{\mathrm{patch}} = \min_{p_{\mathrm{normal}}} \| f_\theta(p_i) - f_\theta(p_{cn}) \|_2 \tag{9.6}$$

利用公式（9.6）逐块计算可得到每个图像块的异常分数，再将异常分数分配到像素。因此，像素就会接收到它们所属的每个图像块的平均异常分数，据此就可以到异常图（用 M 表示）。前面提到的两个大小编码器（见图 9-7）就会构成两个空间特征，从而产生多个异常映射。然后使用元素相乘的方式将多个映射进行聚合，得到定位结果异常图 M_{multi}，并给出定位结果，如公式（9.7）：

$$M_{\mathrm{multi}} = M_{\mathrm{big}} \cdot M_{\mathrm{small}} \tag{9.7}$$

对于异常图的获取，本项目探究了其他映射聚合方式对异物入侵检测与异常定位结果的影响，除原方法的元素相乘聚合方式，增加了元素相加的聚合方式(在实验验证环节给出效果对比)。最终将两种聚合方式进行组合以获得异常图，得到以下公式：

$$M_{\mathrm{multi'}} = \mu(M_{\mathrm{big}} \cdot M_{\mathrm{small}}) + (1-\mu)(M_{\mathrm{big}} + M_{\mathrm{small}}) \tag{9.8}$$

其中，M_{small} 和 M_{big} 分别表示使用 f_{small} 和 f_{big} 映射得到的异常图，异常图 $M_{\mathrm{multi'}}$ 中异常得分高的像素被认为包含异常或异物；超参数 μ 用于控制两种聚合方式的权重，$\mu \in [0,1]$。然后选取图像中像素的最大异常分数作为其异常得分，如式（9.9）所示：

$$A_\theta^{\mathrm{patch}}(x) = \max_{i,j} M_{\mathrm{multi'}}(x)_{i,j} \tag{9.9}$$

实现异常检测与定位的整体流程如图 9-13 所示。

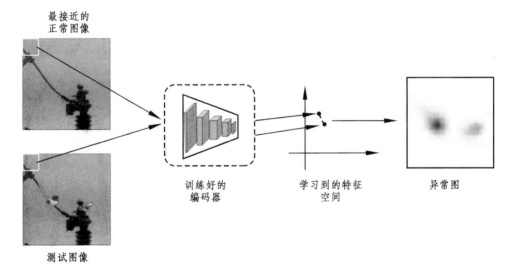

图 9-13　异常检测与定位流程示意图

训练阶段，根据原方法的经验值，输入图像以尺寸 $K_1 = 64$、步长 $S_1 = 16$ 和 $K_2 = 32$、步长 $S_2 = 4$ 进行滑动采样，送入模型进行训练，并将编码器学习到每个正常图块的表示进行计算并保存。测试阶段，输入一张测试图片，算法同样在图像上以尺寸大小为 K、步长

为 S 进行采样获得图像块，并使用已经训练好的编码器提取图像块的特征。然后取到特征空间中最近的正常图像块的 L_2 距离作为每个测试图像块的异常分数，最终根据公式(9.8)、公式(9.9)得到异常图。

9.4　网络训练与测试

9.4.1　模型训练

本项目实验的硬件环境为 Intel(R)i5-13500H 处理器，主频 2.2 GHz，内存 16 GB；软件环境为 Ubuntu 18.04，其他具体环境配置如表 9-1 所示。项目使用的代码编辑器为 VS_Code，版本为 Version1.55。

表 9-1　环境配置参数

实验配置	版本类型
System	Ubuntu18.04.3LTS
GPU	NVIDIA RTX2080TI：11 GB
CUDA	Version10.1
Pytorch	Version1.7
Python	Version3.7
Opencv-Python	Version4.1.2.30
cuDNN	Version4.1.2.30
Numpy	Version1.16.4
Torchvision	Version0.4.0
Pillow	Version6.1.0

本项目的模型训练参数如表 9-2 所示。

表 9-2　模型训练参数

参数	设置结果
学习率 l_r	0.0001
BatchSize	NVIDIA RTX2080TI：11 GB
λ	0.01
θ	0.7
μ	0.5
迭代次数 Epoch	200

其中，超参数 θ 用于调整一个常规卷积与中心差分卷积两者的权重；超参数 λ 调整 $L_{\text{SVDD}'}$ 与 L_{CL} 两种损失函数的权重；超参数 μ 则是用于调整 M_{multi} 与 M_{sum} 两种异常聚合方式的权重。实验过程中主要可调整的重点参数：l_r、λ、$Epoch$。可在训练过程中根据评价指标进行适当调整。

训练过程详细操作步骤如下：

（1）将备好的数据集放入 data 文件夹中，如图 9-14 所示。

图 9-14 data 文件夹

（2）在 VS_Code 工具中打开项目文件进入终端命令面板。

（3）输入命令：

python main_train.py --obj=substation --lr=1e-4 --lambda_value=1e-3 --D=64

点击 enter 即可开始模型训练。其中：

--obj：自己数据集的名称；

--lr：学习率，默认为 1e-4；

--lambda_value：超参数 λ；

--D：表示网络输出的维度。

训练完毕后的权重文件会保存在如下文件夹，如图 9-15 所示。

图 9-15 ckpts 文件夹

9.4.2 模型测试

1. 测试操作

待模型训练完成后，输入命令：

pythonmain_evaluate.py--obj= substation

点击"Enter"即可进行测试。

2. 结果可视化

输入命令：

pythonmain_visualize.py--obj=substation

即可生成并保存"obj"类中所有测试图像的异常映射。输出的异常检测结果图保存在"anomaly_maps/obj"目录下，如图 9-16 所示。

图 9-16　anomaly_maps 文件夹

9.5　总结与展望

牵引变电所运行状态直接关系到牵引供电系统运行的安全性与可靠性。研究牵引变电所异物入侵检测技术，实现对变电所区域动态检测，有利于及时发现安全隐患，保证牵引变电所运行的安全性和稳定性。因此，本实验以牵引变电所户外区域为研究对象，设计了一种基于块聚类学习的牵引变电所异物入侵检测算法，本次实验主要研究内容与结果如下：

（1）通过视频采集、分帧处理、图像预处理等操作，构建实验所需的数据集。

（2）设计了基于改进 Patch SVDD 的牵引变电所异物入侵检测算法，为牵引变电所异常检测提供了一种思路。

本次实验研究的算法实现了对牵引变电所异物入侵的检测，在未来的学习研究中可以进一步研究：

（1）扩展检测对象，本实验目前检测对象主要集中在高压设备区域的悬挂异物，可将范围扩展至其他区域及其对象。

（2）增强聚类方法及其数据处理方法以提升检测效果与速度。

9.6　附录

1. 数据集

项目文件夹中的 data 文件夹中的部分训练数据，如图 9-17 所示。

1.jpg　　　2.jpg　　　3.jpg　　　4.jpg　　　5.jpg

图 9-17　训练数据

2. 算法程序

模型训练程序文件 main_train.py：

```python
import argparse
from traceback import print_tb
import torch
from codes import mvtecad
from functools import reduce
from torch.utils.data import DataLoader
from codes.datasets import *
from codes.networks import *
from codes.inspection import eval_encoder_NN_multiK
from codes.utils import *
from tensorboardX import SummaryWriter
import numpy as np

parser = argparse.ArgumentParser()

parser.add_argument( '--obj ', default= 'hazelnut ', type=str)
parser.add_argument( '--lambda_value ', default=1, type=float)
parser.add_argument( '--D ', default=64, type=int)

parser.add_argument('--epochs ', default=200, type=int)    # 迭代次数
parser.add_argument( '--lr ', default=1e-4, type=float)    # 学习率
args = parser.parse_args()


def train ():
    obj = args.obj
    D = args.D
    lr = args.lr
```

```
with task( 'Networks '):
    enc = EncoderHier(64, D).cuda()
    cls_64 = PositionClassifier(64, D).cuda()
    cls_32 = PositionClassifier(32, D).cuda()

    modules = [enc, cls_64, cls_32]
    params = [list(module.parameters()) for module in modules]
    params = reduce(lambda x, y: x+ y, params)

    opt = torch.optim.Adam(params=params, lr=lr)

with task( 'Datasets '):
    print ('image loading... ')
    train_x = mvtecad.get_x_standardized(obj, mode= 'train ')
    train_x = NHWC2NCHW(train_x)

    rep = 100
    datasets = dict ()
    datasets[f 'pos_64 '] = PositionDataset(train_x, K=64, repeat=rep)
    datasets[f 'pos_32 '] = PositionDataset(train_x, K=32, repeat=rep)

    datasets[f'svdd_64 '] = SVDD_Dataset(train_x, K=64, repeat=rep)
    datasets[f'svdd_32 '] = SVDD_Dataset(train_x, K=32, repeat=rep)

    dataset = DictionaryConcatDataset(datasets)
    loader = DataLoader(dataset, batch_size=64, shuffle=True, num_workers=2, pin_
memory=True)
print ( 'Start training ')
#print('StartTensorboardwith "tensorboard --logdir=loss_pic", viewathttp:// localhost:6006/')
# if os .path
writer = SummaryWriter(log_dir="loss_pic")
writer = SummaryWriter(log_dir="aurocs_pic")
for i_epoch in range (args.epochs):
    print ( 'EPOCH: ',str (i_epoch))
    if i_epoch != 0:
        for module in modules:
            module.train()

        for d in loader:
            d = to_device(d, 'cuda ', non_blocking=True)
            opt.zero_grad ()
```

```
            loss_pos_64 = PositionClassifier.infer(cls_64, enc, d[ 'pos_64 '])
            loss_pos_32 = PositionClassifier.infer(cls_32, enc.enc, d[ 'pos_32 '])
            loss_svdd_64 = SVDD_Dataset.infer(enc, d[ 'svdd_64 '])
            loss_svdd_32 = SVDD_Dataset.infer(enc.enc, d[ 'svdd_32 '])

            loss = loss_pos_64 + loss_pos_32 + args.lambda_value* (loss_svdd_64 +
        loss_svdd_32)
            # print('Loss:',str(loss))
            loss .backward()
            opt .step()
        writer .add_scalar( 'train_loss ', loss, i_epoch)
        aurocs = eval_encoder_NN_multiK(enc, obj)
        writer .add_scalar( 'aurocs ', aurocs[ 'det_sum_mult '], i_epoch)
        #print('aurocs:',aurocs)
        log_result(obj, aurocs)
        enc.save (obj)
    writer .close()

def log_result(obj, aurocs):
    det_64 = aurocs[ 'det_64 '] * 100
    seg_64 = aurocs[ 'seg_64 '] * 100

    det_32 = aurocs[ 'det_32 '] * 100
    seg_32 = aurocs[ 'seg_32 '] * 100

    det_sum= aurocs[ 'det_sum '] * 100
    seg_sum= aurocs[ 'seg_sum '] * 100

    det_mult= aurocs[ 'det_mult '] * 100
    seg_mult= aurocs[ 'seg_mult '] * 100

    det_sum_mult= aurocs[ 'det_sum_mult '] * 100
    seg_sum_mult= aurocs[ 'seg_sum_mult '] * 100

    print (f ' |K64 | Det: {det_64 :4 .1f} Seg: {seg_64 :4 .1f}    |K32 | Det: {det_32 :4 .1f}
Seg: {seg_32 :4 .1f} |sum| Det: {det_sum:4 .1f} Seg: {seg_sum:4 .1f} |mult | Det: {det_
mult:4 .1f} Seg: {seg_mult:4 .1f} |sum_mult | Det: {det_sum_mult:4 .1f} Seg: {seg_sum_
mult:4 .1f} ( {obj}) ')

if __name__ == '__main__ ':
train()
```

模型测试文件 main_evaluate.py:

Import argparse

```python
parser = argparse.ArgumentParser()
parser.add_argument('--obj', default='screw')
args = parser.parse_args()

def do_evaluate_encoder_multiK(obj):
    from codes.inspection import eval_encoder_NN_multiK
    from codes.networks import EncoderHier
    enc = EncoderHier(K=64, D=64).cuda()
    enc.load(obj)
    enc.eval()
    results = eval_encoder_NN_multiK(enc, obj)

    det_64 = results['det_64']
    seg_64 = results['seg_64']

    det_32 = results['det_32']
    seg_32 = results['seg_32']

    det_sum = results['det_sum']
    seg_sum = results['seg_sum']

    det_mult = results['det_mult']
    seg_mult = results['seg_mult']

    det_sum_mult = results['det_sum_mult']
    seg_sum_mult = results['seg_sum_mult']

    print(
        f' | K64 | Det: {det_64:.3f} Seg:{seg_64:.3f} | K32 | Det: {det_32:.3f} Seg:{seg_32:.3f} | sum | Det: {det_sum:.3f} Seg:{seg_sum:.3f} | mult | Det: {det_mult:.3f} Seg:{seg_mult:.3f} | sum_mult | Det: {det_sum_mult:.3f} Seg:{seg_sum_mult:.3f} ( {obj}) ')

#########################

def main():
    do_evaluate_encoder_multiK(args.obj)

if __name__ == '__main__':
main()
```

异常图可视化程序 main_visualize.py：

```python
import argparse
import matplotlib.pyplot as plt
```

```python
from codes import mvtecad
from tqdm import tqdm
from codes.utils import resize, makedirpath

parser = argparse.ArgumentParser()
parser.add_argument( '--obj ', default= 'wood ')
args = parser.parse_args()

def save_maps(obj, maps):
    from skimage.segmentation import mark_boundaries
    N = maps.shape[0]
    images = mvtecad.get_x(obj, mode='test ')
    masks = mvtecad.get_mask(obj)

    for n in tqdm(range(N)):
        fig, axes= plt.subplots(ncols=2)
        # fig.set_size_inches(14 .4, 4 .8)
        fig.set_size_inches(6, 3)

        image = resize(images[n], (300, 300))     # 可设置保存图像尺寸
        mask = resize(masks[n], (300, 300))
        image = mark_boundaries(image, mask, color= (1, 0, 0), mode='subpixel ')

        axes[0].imshow(image)
        axes[0].set_axis_off()
        map = resize(maps[n],(300, 300))
        # axes[1] .imshow(maps[n], vmax=maps[n] .max(), cmap='Reds')
        axes[1].imshow(map, vmax=maps.max(), cmap= 'Reds ')
        axes[1].set_axis_off()

        plt.tight_layout()
        fpath = f'anomaly_maps/{obj}/n{n:03d}.png '
        makedirpath(fpath)
        plt.savefig(fpath)
        plt.close()

#########################

def main ():
    from codes.inspection import eval_encoder_NN_multiK
    from codes.networks import EncoderHier

    obj = args.obj
```

```python
    enc = EncoderHier(K=64, D=64).cuda()
    enc.load(obj)
    enc.eval()
    results = eval_encoder_NN_multiK(enc, obj)
    maps = results[ 'maps_mult ']
    #maps = results['maps_sum']
    #maps = results['maps_sum_mult']

    save_maps(obj, maps)

if __name__ == '__main__':
main
```

10　工程应用三　运达地铁列车 360°外观检测

10.1　螺栓松动检测

10.1.1　项目背景

由于地铁长期运行于潮湿的地下环境，运行量极大，并伴随着多次的制动与启动，导致地铁列车的零部件容易发生脱落、松动、断裂等故障，这些问题对地铁列车的正常安全运行造成了极大的危害。螺栓紧固件因其具有能拆卸且能重复使用的优势，在工业领域得到了大量的应用。由于螺栓是结构支撑的重要组成部分，地铁列车各个部件的组成零件都离不开螺栓，但由于地铁在长期列车运行过程中受制动力和传动力作用的影响，使螺栓容易发生松动甚至脱落，直接影响了列车运行的安全性。因此有必要开发一种高效、高精度的螺栓故障检测方法，以确保地铁列车的安全运行。

目前，地铁列车的故障检测和检修大多采用人工巡检的方式，包括日检、月检等定期维护的检修模式。然而地铁列车结构复杂、部件众多，列车底部环境潮湿阴暗、灰尘遍布，这对人工检修带来很大的挑战。传统的人工检测方式属于长期的重复劳动，容易造成人视觉疲劳，导致误检、漏检等情况时常发生，无法保证列车检修质量。随着地铁线路不断扩张，地铁数量的逐渐增多，传统的人力检测方法已经不能满足当今的地铁行业发展需求，因此急需一种自动化的基于计算机视觉的智能检测方法以代替人工检测，提高地铁列车故障检修的可靠性。

近年来，随着 5G 技术带动 AI（Artificial Intelligence，人工智能）领域加速创新以及国家大力推动 AI 的发展，在构筑我国 AI 技术领先优势的时代背景下，计算机视觉算法在大数据和图像处理方面的良好表现，其在故障检测领域得到了越来越多的应用。计算机视觉赋予机器自然视觉的能力，使其能够像人一样对事物进行识别、理解、判断。在故障检测领域，相比人工检测，计算机视觉技术能带来以下优势：

（1）检测精度高。计算机视觉技术利用机器学习、深度学习等算法，能够对图像信息进行有效提取，分析其潜在空间的特征，从而更好地识别故障。

（2）检测效率高。随着半导体行业的不断发展，计算机的 CPU、GPU 算力不断提升，各种针对图像运算的硬件也层出不穷，对一张图像的检测时间往往在毫秒级别，能够充分满足地铁行业的需求。

（3）检测成本低。无须大量的人力物力和时间成本，只需一套成熟的故障检测系统，根据图像即可完成故障检测。

（4）检测稳定性高。计算机视觉技术基于算法，不会和人一样受主观因素影响，同样的图像得到的检测结果必然是相同的。

目前，国内外对于螺栓松动检测的研究工作主要分为三个方向：一是传统的人工检测方法；二是非人工的基于传感器的螺栓松动检测方法；三是基于图像处理、计算机视觉、深度学习等 AI 技术的螺栓松动检测方法。

传统人工检测方法包括扭矩法和防松线检测法。扭矩法通过测量螺栓扭矩大小来得到螺栓预紧力的大小，螺栓预紧力表明了螺栓的松动情况。有研究结果表明，螺栓预紧力和螺栓的扭矩近似于线性关系，因此可以通过测量螺栓的扭矩大小来判断螺栓的松动情况。研究表明，螺栓的扭矩有 85%～90%浪费在抵抗现有的摩擦上，只有 10%～15%的扭矩用于旋转螺栓，因此该方法精度较低，由于其易于实现、成本较低，多用于人工抽检。防松线检测法利用螺栓上人为标记的红色防松线来判断螺栓是否发生松动，该方法检测效率低下，耗费人力物力较高，当螺栓较为密集时，容易出现漏检或误检的情况。

基于传感器的螺栓松动检测方法，包括基于压电主动传感的螺栓松动检测方法和基于阻抗的螺栓松动检测技术。基于压电主动传感的螺栓松动检测技术的基本原理为：两个压电片粘贴在螺栓两个连接面上，一个发射超声波信号，另一个接收，当螺栓结构稳定时，能量损耗是固定的，当能量损耗变化时，说明发生了螺栓松动。

随着图像处理、人工智能领域的快速发展，基于计算机视觉的检测技术被越来越广泛地应用于各种工业场景，包括轨道扣件缺陷检测，金属表面缺陷检测等，其在螺栓松动检测领域也获得了大量的应用。基于计算机视觉的螺栓松动检测方法是一种非接触的螺栓松动检测方法，其主要检测方式是通过计算机对螺栓图像进行分析处理，定位螺栓位置，再通过深度学习等手段来检测螺栓在结构或角度上是否发生变化，从而判断是否发生松动。

本项目利用螺栓的防松线，通过深度学习方法检测螺栓位置，再通过防松线的形态特征进行松动判断。

10.1.2 数据采集

本项目数据通过 3D 相机从实际列车转向架各部件采集得到，得到的原始数据为 3D 格式，通过相机配套软件进行转换后得到 jpg 格式的二维图像，分辨率为 1 944×1 200，一共 107 张，如图 10-1 所示。

图 10-1　原始螺栓采集图像

10.1.3 数据处理

由于深度学习需要较大数据量才能学习到较好的检测模型，因此需要对原始数据进行数据增强，本项目使用以下数据增强方法：

（1）几何变换，包括平移、翻转、旋转、裁剪、缩放等；

（2）对比度变换；

（3）亮度变换。

在增强过程中，新产生的图片随机地使用以上几种变换中的一些，因此可以获得较高的随机性，使之后的模型训练不容易过拟合。图 10-2 与图 10-3 所示是原始图像和增强图像的对比：

图 10-2 原始图像

图 10-3 增强图像

最终形成的数据集数量为 1 070 张，相比原始的 107 张增强了 10 倍。

10.1.4 算法思路

由于每张图像中包含多个螺栓，因此本项目先使用深度学习目标检测模型对原始图像中的螺栓进行定位及分类，由于螺栓目标较小，为取得较好的定位效果，本项目采用 YOLOv5 目标检测模型，如图 10-4 所示。

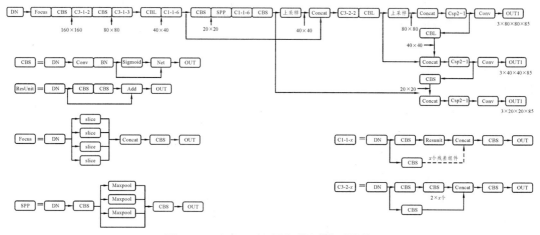

图 10-4 YOLOv5 目标检测模型结构

YOLOv5 在传统的 FPN 特征金字塔之后添加了 PAN 结构，自下而上地进一步对特征进行多尺度提取，由于小目标的更多信息在底层，因此 PAN 结构能够更好地对小目标特征进行强化提取，提升模型整体的小目标检测性能，如图 10-5 所示。

在第一步的螺栓定位后，提取单个螺栓图像再进行松动检测，使用传统图像处理方法提取防松线，并根据其几何特征进行松动判断。算法的总体流程如图 10-6 所示。

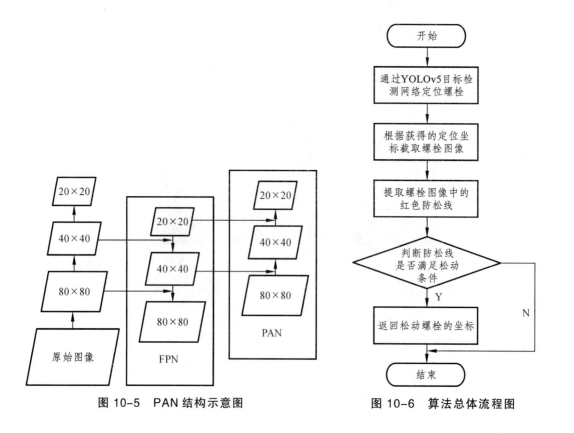

图 10-5 PAN 结构示意图

图 10-6 算法总体流程图

10.1.5　YOLOv5 训练与测试

在制作训练集的过程中，由于后续防松线检测方法的不同，螺栓被分为两类处理，如图 10-7 所示。

（a）　　　　　　　　（b）

图 10-7　螺栓类型 1 与类型 2

训练相关数据与参数如表 10-1 所示。

表 10-1　训练相关数据与参数

参数/配置	值
System	Ubuntu18.04
GPU	NVIDIA RTX 2080TI
CUDA	10.2
CUDNN	8.1 for cu10.2
Python	3.7
Torch	1.10.0+cu10.2
OpenCV-Python	4.5.4
训练集数量	963 张
测试集数量	107 张
epochs	100 轮
模型规格	Yolov5L
Batch-Size	16 张

训练结果如图 10-8 所示。

图 10-8　YOLOv5 模型测试结果

10.1.6 防松线松动识别

在第一步对螺栓进行定位后，根据定位得到的坐标单独提取螺栓图像，然后根据螺栓的分类结果进行松动识别。

1. 预处理

螺栓预处理如图 10-9 所示。

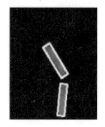

图 10-9　螺栓预处理

（1）根据 HSV 色域提取红色像素。

（2）对红色区域进行先腐蚀后膨胀来优化。

（3）提取每个红色连通域的外轮廓并根据面积从大到小排序。

只选面积最大的两个轮廓(当第二个的面积小于第一个的 0.15 倍时依旧剔除)，求其外接矩形。

2. 类型 1 检测

（1）如果只有一个矩形，判定为正样本。

（2）如为两个矩形，则计算两个矩形的相对画面旋转角度的差值，大于阈值则为负样本（旋转角度计算方式：x 轴顺时针旋转至与第一条长边重合时旋转的角度）。

类型 1 螺栓检测结果如图 10-10 所示。

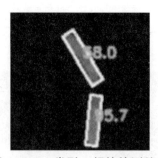

图 10-10　类型 1 螺栓检测结果

3. 类型 2 检测

（1）如果只有一个矩形，判定为正样本；如为两个，求第一个矩形的两条长边的直线方程 $ax+by+c = 0$。

（2）判断第二个矩阵是否与上述两条直线所包围的区域有重合，有则为正样本，无则为负样本。

类型 2 螺栓检测结果如图 10-11 所示。

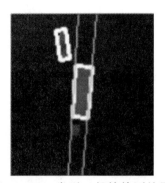

图 10-11 类型 2 螺栓检测结果

10.1.7 总 结

本项目针对传统人工地铁列车检修方式的痛点，采用基于计算机视觉的智能检测方法，提高地铁列车故障检修的可靠性。针对螺栓部件，采用将深度学习目标检测和传统图像处理结合的方法，准确检测了螺栓的松动情况，实现了对列车检修的自动化与智能化，为列车安全运行提供了保障，同时节省了人力，提高了效率。

本项目主要研究内容与结果如下：

（1）通过 3D 相机实地采集列车底部各部件原始图像，通过图像增强技术构建实验所需数据集。

（2）采用 YOLOv5 目标检测网络，有效分类及定位螺栓。

（3）提取螺栓防松线，根据螺栓类型，设计不同的检测思路，有效地对螺栓松动进行了检测。

在未来的学习研究中进一步研究：

（1）扩展检测对象，除了最常见的螺栓部件，还可以检测软管、滤网等列车常见部件的异常状态。

（2）优化模型与算法，提升检测速度与精度。

10.2 空气弹簧故障诊断

10.2.1 项目背景及目标

随着我国近些年轨道交通的飞速发展，列车作为一种常用的交通运输工具，其在客运和货运中有着举足轻重的地位。现今，列车的规模和复杂性越来越高，列车能否安全稳定运行影响着人力、物力甚至人身安全，因此对列车的故障检测诊断能力提出了更加严苛的要求。

列车空气弹簧是将一种可压缩惰性气体填充在一种可伸缩的密闭容器中，利用空气可压缩性实现其弹性作用。列车空气弹簧在列车减震方面有众多优点，在现代轨道交通车辆等领域应用广泛，然而在应用过程中，列车空气弹簧系统在经受风吹雨淋等外部因素和磨耗、破损、老化等内在因素的双重影响下，会产生一些故障，直接威胁到列车的正常运行，因此有必要对列车空气弹簧的常见故障进行诊断。

10.2.2 项目数据采集及预处理

1. 图像数据的获取

本项目数据来源于广州地铁 17 号线，首先通过工业数字相机（CCD）采集地铁列车数据整车数据，再根据空气弹簧部件相对于整车的坐标位置信息裁剪出空气弹簧部分图像，因此本地铁列车空气弹簧数据集中所有图像数据拍摄角度、视野几乎一致，整个数据集包含 2 693 张正样本和 13 张负样本。

2. 数据处理

项目中由于每张空气弹簧图片的分辨率都不相同，因此需要对图片进行缩放，归一化到 896×320。考虑到空气弹簧出现裂纹或者鼓包的故障区域相较于整个空气弹簧来说，所占整张图片的比例很小，如果将整张图片放入到网络中进行训练和测试，将有可能忽略故障特征，故需要利用滑动窗口的方式将每张空气弹簧大图分割为 64×64 的小图，并删除对识别影响较大的背景部分，其中滑窗切块过程如图 10-12 所示。

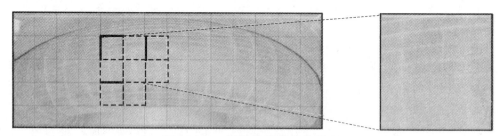

图 10-12　图像的滑窗切块处理

3. 数据集准备

如图 10-13 所示，将数据保存至项目文件夹中(文件夹以研究对象命名)，CustomDataset用于存放图像数据;，其中包含 train 和 test 两个文件夹，train 文件夹中包含 0.normal 和 1.abnormal 两个子文件夹，分别用于存放正常样本和异常样本，test 文件夹中只包括 0.normal 子文件夹，用于存放正常样本。train 文件夹存放用于训练的正常样本。

```
Custom Dataset
├── test
│   ├── 0.normal
│   │   └── normal_tst_img_0.png
│   │   └── normal_tst_img_1.png
│   │   ...
│   │   └── normal_tst_img_n.png
│   ├── 1.abnormal
│   │   └── abnormal_tst_img_0.png
│   │   └── abnormal_tst_img_1.png
│   │   ...
│   │   └── abnormal_tst_img_m.png
├── train
│   ├── 0.normal
│   │   └── normal_tst_img_0.png
│   │   └── normal_tst_img_1.png
│   │   ...
│   │   └── normal_tst_img_t.png
```

图 10-13　数据集

10.2.3　基于 GANomaly 和孤立森林的空气弹簧异常检测算法设计

列车空气弹簧出现故障，一般包括空气弹簧裂纹和空气弹簧鼓包。由于裂纹和鼓包的特征不同，选择同一个算法不能同时将两种故障检测出来，故采用对鼓包敏感的 GANomaly 算法和对裂纹敏感的孤立森林算法相结合，依次检测同一张空气弹簧图片，判断该空气弹簧是否有故障出现。列车空气弹簧异常检测算法总体设计如图 10-14 所示。

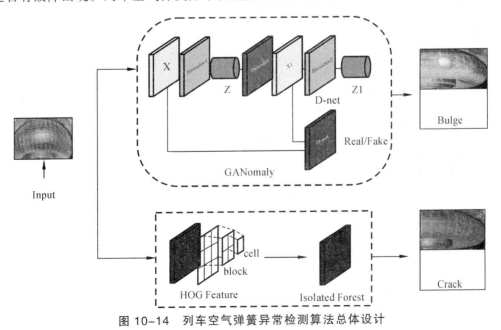

图 10-14　列车空气弹簧异常检测算法总体设计

157

1. 基于 GANomaly 的空气弹簧鼓包检测算法

随着生成对抗网络（GAN）的提出，对抗的思想越来越引人注意，利用 GAN 做异常检测的文章在实验上有了一定的突破。GANomaly 算法在图像编码的潜在空间下比对，即对于正常的数据，编码解码再编码得到的潜在空间和第一次编码得到的潜在空间差距不会特别大，但是在正常样本训练下的网络用作从未见过的异常样本编码解码时，经历两次编码过程后潜在空间往往差距比较大。当两次编码得到的潜在空间差距大于一定阈值的时候，判断样本是异常样本。

图 10-15 所示为 GANomaly 网络的整体结构图，其主要包含了两个编码器、一个解码器和一个判别网络。

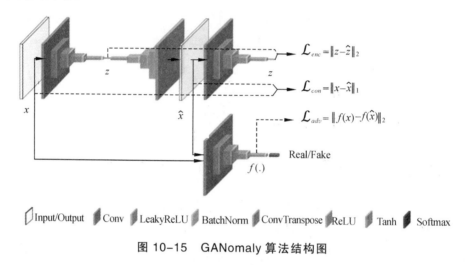

图 10-15　GANomaly 算法结构图

第一个子网络是一个自动编码器网络，作为模型的生成器部分。该生成器分别通过编码器和解码器网络学习输入数据表示并重构输入图像。子网络 G 的原理如下：首先读取输入图像 x，并将其前向传播给编码网络 GE。使用卷积层和紧随其后的 LeakyReLU 激活函数，将 x 压缩为向量 z 实现下采样，假设 z 为包含 x 的最好表征的最小维度。生成器网络 G 的解码器 GD 采用卷积变换层、ReLU 函数 BatchNorm 以及 Tanh 函数对 z 进行上采样，将图像 x 重构为 $\hat{x}$。

第二个子网络是编码器网络 E，用于压缩由生成器 G 重构的图像。该子网络和编码器网络 GE 有着相同的结构，仅仅是使用了不同的参数。为了后续的一致性比较，向量的维度和 z 的维度相同。它摒弃了绝大部分基于自编码器的异常检测方法常用的通过对比原图和重建图的差异来推断异常的方式，采用了一种新的通过对比原图和重建图在高一层抽象空间中的差异来推断异常的方式，而这一层额外的抽象可以使其大大提高抗噪声、干扰的能力，学到更加鲁棒的异常检测模型。

第三个子网络是判别器网络 D，其目标是分辨输入 x 和输出哪个是真哪个是假，从而优化生成器网络 G。在模型训练时定义了三个损失函数构造最终的目标函数，每个损失函数用于优化单独的子网络。

对抗性损失函数如下：

$$L_{adv} = \| f(x) - f(\hat{x}) \|_2 \qquad (10.1)$$

计算原始和生成图像的特征表示的 L_2 距离，用于在图像特征层方面做优化。

上下文损失函数如下：

$$L_{con} = \| x - \hat{x} \|_1 \qquad (10.2)$$

由于只有对抗性损失，生成器不能优化以学习输入数据的上下文信息，通过给定的重构误差损失，用于在像素层面上减小原始图像和重构图像的差距。

编码器误差函数如下：

$$L_{enc} = \| z - \hat{z} \|_2 \qquad (10.3)$$

对抗性损失函数和上下文损失函数可以强制生成器生成不仅逼真而且上下文合理的图像。对于正常数据，希望得到的 $\hat{z}$ 和原始数据直接编码得到的 z 无差别最好，所以引入了潜在变量间的误差优化。

最后，得到生成器的目标损失函数：

$$L = L_{adv} + \lambda L_{con} + L_{enc} \qquad (10.4)$$

其中，λ 是用来调整生成图像的锐度的参数。

为利用 GANomaly 网络检测空气弹簧鼓包情况，我们利用滑动窗口法将 1 800 张空气弹簧的图片裁剪为 93 600 张小图，然后输入到网络中进行训练，迭代了 100 次，最终训练集上的准确率为 98.2%。将训练好的 GANomaly 网络保存，以便于后续测试时调用。如图 10-16 所示，上半部分为空气弹簧小图的原图，下半部分为利用 GANomaly 网络获得的重构图像。可以看出，方框标出的鼓包的原图很明显就可以看出来，但是重构图片中已经失去了鼓包特征，两张图片的潜在空间差距也会很大，由此可以判断出该图片中有鼓包存在。

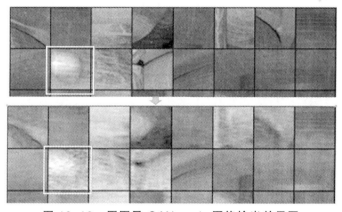

图 10-16　原图及 GANomaly 网络输出效果图

2. 基于孤立森林的空气弹簧裂纹检测算法

在孤立森林算法中，异常被定义为"容易被孤立的离群点"，可以将其理解为分布稀疏且离密度高的群体较远的点。在特征空间里，分布稀疏的区域表示事件发生在该区域的概率很低，因而可以认为落在这些区域里的数据是异常的。孤立森林是一种适用于连续数据的无监督异常检测方法，即不需要有标记的样本来训练，但特征需要是连续的。

图 10-17 所示为利用 HOG 算法提取空气弹簧裂纹特征和无故障特征，由图片可以看出裂纹的 HOG 特征相较于无故障的 HOG 特征有很明显的不同。

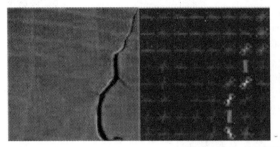

图 10-17　原图及 HOG 特征图

如图 10-18 所示为训练孤立森林的整体流程图，图 10-19 所示为基于孤立森林算法的空气弹簧裂纹检测整体流程图。在训练时，首先对所有的空气弹簧样本进行尺寸归一化，设置为(890，320)，即图片长为 890 个像素点，高为 320 个像素点；考虑到空气弹簧的故障区域相对于空气弹簧整体来说比较小，故采用滑动窗口的方式将空气弹簧图片裁剪为 128×128 大小的图片，并进行灰度化；然后提取裁剪后小图的 HOG 特征，并通过 PCA 降维，保留前 95%的信息；然后将所有小图的特征放到孤立森林中进行训练，最后得到训练好的孤立森林。在对空气弹簧图像进行测试时，图片预处理过程以及提取 HOG 特征的过程与训练时的过程一致，然后将提取的待测试图片的 HOG 特征输入到训练好的孤立森林模型中测试。若孤立森林预测的每张小图的分数都高于 − 0.07，则判断该空气弹簧完好；若孤立森林预测的小图中有某些图片的分数低于 − 0.07，则判断该空气弹簧有裂纹出现。

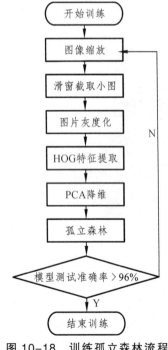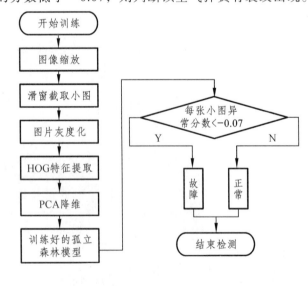

图 10-18　训练孤立森林流程　　　图 10-19　基于孤立森林的空气弹簧裂纹检测算法流程图

10.2.4 网络训练与测试

1. 环境配置

环境配置参数如表 10-2 所示。

表 10-2 环境配置参数

实验配置	版本信息
numpy	1.16.4
Pillow	>= 7.1.0
python	3.6
scikit-learn	0.21.2
scipy	1.3.0
torch	1.2.0
torchvision	0.4

2. 模型训练

训练过程详细操作步骤如下：

1）分割小图

打开工程文件中 data_generate.py 文件（见图 10-20），运行此文件完成滑窗切块，将空气弹簧图像分割为若干小图，可自行改为想要的滑窗大小和步长（目前，GANomaly：步长 32，滑窗大小 64×64；孤立森林：步长 64，滑窗大小 128×128）。滑窗切块代码如图 10-21 所示。

图 10-20 data_generate 文件

```
def sliding_window(image, stepSize, windowSize):
    for y in range(0, image.shape[0], stepSize):
        for x in range(0, image.shape[1], stepSize):
            roi = image[x:x+windowSize[0], y:y+windowSize[1]]
            # 产生当前窗口
            yield (x, y, image[y:y + windowSize[1], x:x + windowSize[0]])
def my_cv_imread(filepath):
    # 使用imdecode函数进行读取
    img = cv2.imdecode(np.fromfile(filepath,dtype=np.uint8),-1)
    return img
```

图 10-21 滑窗切块代码

2）训练 GANomaly 模型

Options.py 为配置文件（见图 10-22），关键参数已添加标注，可自行更改 GANomaly 模型的训练参数。配置文件如图 10-23 所示。

options.py   train.py

图 10-22 options 与 train 文件

```
# Base
self.parser.add_argument('--dataset', default='SpringDataset', help='folder |
cifar10 | mnist ')
self.parser.add_argument('--dataroot', default='', help='path to dataset')
self.parser.add_argument('--batchsize', type=int, default=64, help='input batch
size') #default = 64
self.parser.add_argument('--workers', type=int, help='number of data loading
workers', default=8)
self.parser.add_argument('--droplast', action='store_true', default=True,
help='Drop last batch size.')
self.parser.add_argument('--isize', type=int, default=32, help='input image
size.') #default= 32
self.parser.add_argument('--nc', type=int, default=3, help='input image
channels')
self.parser.add_argument('--nz', type=int, default=100, help='size of the latent
z vector') #default=100
self.parser.add_argument('--ngf', type=int, default=64)
self.parser.add_argument('--ndf', type=int, default=64)
self.parser.add_argument('--extralayers', type=int, default=0, help='Number of
extra layers on gen and disc')
self.parser.add_argument('--device', type=str, default='gpu', help='Device: gpu |
cpu')
self.parser.add_argument('--gpu_ids', type=str, default='0', help='gpu ids: e.g.
0  0,1,2, 0,2. use -1 for CPU')
self.parser.add_argument('--ngpu', type=int, default=1, help='number of GPUs to
use')
```

图 10-23 配置文件

运行 train.py 文件即可训练 GANomaly 模型。

3）训练孤立森林模型

运行 iForestTrain.py 文件训练孤立森林模型，文件如图 10-24 所示。

iForestTrain.py

图 10-24 iForestTrain 文件

代码如下：

```
# -*- coding: UTF -8 -*-
import numpy as np
```

```
from PIL import Image
import pickle
import glob
from sklearn.ensemble import IsolationForest
from skimage.feature import hog
from sklearn.decomposition import PCA
import os
def img2vector_HOG(data):
    AA = []
    length_data = len(data)
    for num in range(length_data):
        img = Image.open(data[num])
        img = img.resize((64, 64))
        new_img = img.convert("L") #灰度化
        #利用 HOG 提取特征
        features = hog(new_img, orientations=9, pixels_per_cell=(8,8), cells_per_block=(8,8),
                        block_norm='L1', feature_vector=False, visualize=False)
        matrix_img = features
        AA.append(matrix_img.flatten())
    return AA


def pca1(data1, data2):
    pca = PCA(n_components=0.95)
    data1 = pca.fit_transform(data1)
    #保存 PCA 模型
    with open("pca.pkl","wb") as f:
        pickle.dump(pca, f)
    data2 = pca.transform(data2)
    return data1, data2

def iForest_train(data1, data2):
    trainSet = data1
    testSet = data2
    rng = np.random.RandomState(42)
    clf = IsolationForest(max_samples=100, random_state = rng, contamination=0.005)
    clf.fit(data1)
    #保存孤立森林模型，直接保存在工程下
```

```
with open("iForestest.pkl", "wb") as f:
    pickle.dump(clf, f)
y_pred_train = clf.predict(trainSet)
y_pred_test = clf.predict(testSet)
#打印每一张测试图片的预测结果
print(y_pred_test)


if __name__ == '__main__':
    #读取训练集的样本
    train_data = glob.glob(r'D:/IForest/data/after/train/0.normal/*.jpg')
    #测试集路径
    path = 'D:/IForest/data/after/test/0.normal/'
    path_list = os.listdir('D:/IForest/data/after/test/0.normal/')
    #将测试集按名称排序，为了和打印结果的顺序一致，下面这行代码需要根据图片
的命名修改
    path_list.sort(key=lambda x:int(x[-8:-4]))
    test_data = []
    for filename in path_list:
        test_data.append(os.path.join(path, filename))


    trainimg_vector = img2vector_HOG(train_data)
    testimg_vector = img2vector_HOG(test_data)
    trainimg_vector1, testimg_vector1 = pca1(trainimg_vector, testimg_vector)
    iForest_train(trainimg_vector1, testimg_vector1)
```

3. 测试步骤

运行 final.py（见图 10-25）开始测试，最终测试结果如图 10-26 所示。

final.py

图 10-25　final 文件

代码如下：
```
#利用生成对抗网络和孤立森林测试空气弹簧的鼓包和裂纹
import time
```

```
import numpy as np
from PIL import Image
import os
import torch.utils.data
import cv2
from skimage.feature import hog
import pickle
import torchvision.transforms as transforms
import torch.nn.functional as F
os.environ["CUDA_VISIBLE_DEVICES"] = "0"
net = torch.load("D:/A 运达项目/ganomaly-master/output/ganomaly/CustomDataset/
train/model_200_64.pth",map_location=lambda storage, loc: storage)  # 生成对抗网络保存的模型
with open("D:/ganomaly-master/output/ganomaly/CustomDataset/train/训练版本 1 孤立森
林/pca.pkl", "rb") as f:
        pca = pickle.load(f)  # 孤立森林中的 PCA 降维的模型
with open("D:/ganomaly-master/output/ganomaly/CustomDataset/train/训练版本 1 孤立森
林/iForestest.pkl",
            "rb") as f:
        iForestree = pickle.load(f)   # 孤立森林的模型
transform = transforms.Compose([transforms.Resize(32),
                                # transforms.CenterCrop(32),
                                transforms.ToTensor(),
                                transforms.Normalize((0.5, 0.5, 0.5), (0.5, 0.5,
0.5)), ])   #用于生成对抗网络输入的图片变换


def sliding_window(image, stepSize, windowSize):   #滑动窗口
    for y in range(0,image.shape[0], stepSize):
        for x in range(0, image.shape[1], stepSize):
            # 产生当前窗口
            yield (x, y, image[y:y + windowSize[1], x:x + windowSize[0]])


def generate_data_GB(img_path):
    #自定义滑动窗口的大小
    img_slice = []
    (winW, winH) = (64,64)
    stepSize = 32
    #切割的个数
    count = 0
```

```
        srcImg = cv2.imread(img_path)
        srcImg = cv2.resize(srcImg, (896, 320))
        for (x, y, window) in sliding_window(srcImg, stepSize=stepSize, windowSize=(winW, winH)):
            # 如果窗口不符合我们期望的窗口大小，就舍弃
            if window.shape[0] != winH or window.shape[1] != winW:
                continue

            slice = srcImg[y:y + winH, x:x + winW]
            #鼓包测试滑窗后的小图保存路径,后续可以根据这些小图选择需要删减的小
图的序号
            cv2.imwrite('D:/A 运达项目/GB/' + str(count) + '.jpg',
                            slice)
            count = count + 1
            img_slice.append(slice)
        return img_slice


    def generate_data_LW(img_path):
        # 自定义滑动窗口的大小
        img_slice = []
        (winW, winH) = (128, 128)
        stepSize = 64
        # 切割的个数
        count = 0
        srcImg = cv2.imread(img_path)
        srcImg = cv2.resize(srcImg, (896, 320))
        for (x, y, window) in sliding_window(srcImg, stepSize=stepSize, windowSize=(winW, winH)):
            # 如果窗口不符合我们期望的窗口大小，就舍弃
            if window.shape[0] != winH or window.shape[1] != winW:
                continue

            slice = srcImg[y:y + winH, x:x + winW]
            # 裂纹测试滑窗后的小图保存路径，后续可以根据这些小图选择需要删减的
小图的序号
            cv2.imwrite('D:/A 运达项目/LW/' + str(count) + '.jpg',
                            slice)
            count = count + 1

            img_slice.append(slice)
            # 删除空气弹簧影响较大的边缘区域
```

```
        del img_slice[0], img_slice[11], img_slice[37], img_slice[41], img_slice[41], img_slice[41],
img_slice[45]   # 将边缘图片截取掉
        return img_slice


    def test_Ganormaly(imgs):     #预测鼓包


        imgs_transform = np.array([])
        for i, data in enumerate(imgs):
            data = Image.fromarray(data) #实现 array 到 image 的转换
            img = transform(data)    #将图片转换为相应的格式
            imgs_transform = np.append(imgs_transform, img.numpy())
        imgs_transform = imgs_transform.reshape(-1, 3, 32, 32)
        imgs_transform = torch.from_numpy(imgs_transform).float()
        fake, latent_i, latent_o = net(imgs_transform)
        euclidean_distance = F.pairwise_distance(latent_i, latent_o) #计算原图片的特征和
生成图片的特征之间的欧式距离
        score = euclidean_distance.reshape(euclidean_distance.size(0))
        score1 = score.detach().numpy()
        removeslice = [0, 1, 2, 3, 4, 5, 6, 7, 8, 9, 10, 11, 12, 13, 14, 15, 16, 17, 18, 19, 20, 21,
22, 23, 24, 25, 26, 27,28, 29, 30, 31, 32, 33,
                    48, 49, 50, 51, 52, 53, 54, 55, 56, 57, 58, 76, 77, 78, 79, 80, 81, 82, 83,
105, 106, 107, 108, 109,134, 135, 161, 162, 189, 196, 197, 198,
                    199, 200, 201, 202, 203, 204, 205, 206, 207, 208, 209, 210, 215, 216,
                    217, 221, 222, 223, 224, 225, 226, 227, 228, 229, 230, 231, 232, 233,
234, 235, 236, 237, 238, 239,240, 241, 242]
        score1 = [score1[i] for i in range(len(score1)) if (i not in removeslice)]
        score1 = np.array(score1)
        if (score1.max() > 1.05):
            return 1    #空气弹簧有鼓包
        else:
            return 0    #空气弹簧没有鼓包


    def test_iForestree(imgs):    #预测裂纹
        features = []
        for i, data in enumerate(imgs):
            new_img = cv2.resize(data, (64, 64))     #将每个小图 resize 为 64*64 的大小
            new_img = cv2.cvtColor(new_img, cv2.COLOR_BGR2GRAY) #将图片转换为
灰度图
```

```python
        feature = hog(new_img, orientations=9, pixels_per_cell=(8, 8), cells_per_block=(8, 8),
                      block_norm='L1', feature_vector=False, visualize=False)    #提
取 HOG 特征
        features.append(feature.flatten())
    features_pca = pca.transform(features) #将 HOG 特征降维
    y_predict = iForestree.decision_function(features_pca)    #预测结果
    # min1= y_predict.min()
    if (y_predict.min()<-0.07):      #空气弹簧有裂纹
        return 1
    else:
        return 0                #空气弹簧没有裂纹


def demo_test():
    time_i = time.time()
    path = 'D:/A 运达项目/ganomaly/data/Spring Dataset/test/1.abnormal'
    path_list = os.listdir(path)
    i = 0
    for filename in path_list:
        i = i + 1
        image_GB = generate_data_GB(os.path.join(path, filename))
        result_GB = test_Ganormaly(image_GB)
        if result_GB == 1:
            print("第" + str(i) + "张空气弹簧有鼓包")

        elif result_GB == 0:
            image_LW = generate_data_LW(os.path.join(path, filename))
            result_LW = test_iForestree(image_LW)
            if result_LW == 1:
                print("第" + str(i) + "张空气弹簧有裂纹")
            elif result_LW == 0:
                print("第" + str(i) + "张空气弹簧完好")
    #
    time_o = time.time()
    time_all = time_o - time_i
    print('测试图片所花费的时间为：' + str(time_all) + 's')

if __name__ == '__main__':
    demo_test()
```

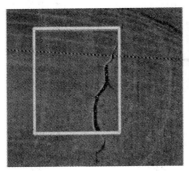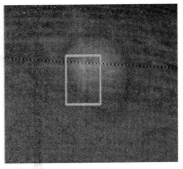

图 10-26　检测结果示意图

10.2.5　总结与展望

空气弹簧部件的安全状态直接关系到地铁列车运行的安全性与可靠性，研究列车空气弹簧异常检测技术，实现对空气弹簧部件的实时状态检测，有利于及时发现安全隐患，保证列车运行的安全性和稳定性。因此，本项目以列车空气弹簧部件为研究对象，设计了一种基于 GANomaly 和孤立森林的空气弹簧异常检测算法，本次实验主要研究内容与结果如下：

（1）通过滑窗切块和图像预处理等操作，构建实验所需的数据集。

（2）设计了基于 GANomaly 孤立森林的空气弹簧异常检测算法，为地铁列车异常检测提供了一种思路。

通过开展本项目实训，可以建立复杂工程问题及其解决方案的基础认识；通过撰写实训报告，可以培养工程师思维和基础素养，实训中涌现的优秀的模型和算法设计，提供了广阔的探索空间和应用价值。

10.3　闸瓦磨损检测

10.3.1　项目背景

随着我国经济的快速发展，中国城市轨道交通的技术水平和建设规模取得了巨大的进步。目前我国运营线路规模、在建线路规模和客流规模均居全球第一，已成为名副其实的"城轨大国"。越来越多的运营线路势必对安全是一个很大的挑战，所以建立列车安全保障体系成为铁路系统建设中必不可少的一环。传统的人工检测依然是列车检修维护最主要的方式，不仅效率较低，且存在漏检一些安全隐患。随着机器人、深度学习、计算机视觉和智能小车等技术日益成熟，人工智能出现在更多的领域用来满足人类的需求。把城市轨道交通安全与人工智能相结合，可以在一定程度上替代人工检测，推动"智慧地铁"的发展。

目前，计算机视觉技术已经应用在大量的领域中，机器视觉近些年应用也越来越成熟，在地铁故障检测方面的应用也逐渐被重视起来，各类地铁外观检测系统也在处于研发或者应用阶段，但是大量的检测算法都是基于二维图像进行研发。二维图像有很多优点，例如采集便捷，算法成熟，易于传输等，但是对于一些故障类型如部件的尺寸、间隙等测量就不太实用，只能通过三维信息获取。随着机器视觉，自动驾驶等颠覆性技术逐步发展，采用 3D 相机进行物体识别、行为识别、场景建模的相关应用越来越多，可以说 3D 相机就是终端和机器人的"眼睛"。而点云数据可以完成更多的检测任务，填补现存地铁外观检测方式的空白，建立更完善智能检修系统。

刹车系统正常平稳工作是列车安全运行的重要保障。闸瓦是列车制动时通过直接摩擦车轮使列车停车的零件，它是一种由铸铁和其他材料制成的瓦状制动块，在制动时抱紧车轮踏面，通过摩擦使车轮停止转动。列车在制动过程中，闸瓦因与列车轮对发生摩擦而产生损耗。为了保证行车安全，当闸瓦磨耗达到一定程度时，需人工进行尺寸复核；如果确实达到磨耗极限，则需及时进行更换。由于全国运营列车数量较多，采用人工的方法检测闸瓦，需要耗费较多的人力和财力，同时还需要停车检测，同时闸瓦结构复杂、种类多样、部件环境复杂，以上诸多问题制约着闸瓦智能检测的研究与发展。图 10-27 所示为闸瓦点云数据。

图 10-27　闸瓦点云数据

从上述内容中可以清晰地得到利用三维计算机视觉进行闸瓦故障检测必须要解决的四个关键点是：

（1）算法模型必须能够有效抑制环境因素的干扰，如光照、污渍等，具有强鲁棒性。

（2）算法模型需要发挥点云特点，完成精细化测量。

（3）算法模型必须具备高精度、高稳定性以及泛化性的特点，能够识别及分割不同的车辆和车厢的闸瓦，这样才能达到替代人工检修的目的，并且保证列车行车安全。

（4）算法必须具备较高效率。列车检修的时间只能是运营空期，在这个空期内需要完成对整个列车的检查与维修，因此对算法检测效率有极高要求，需要算法模型在短时间内准确完成项点的检测。

10.3.2　数据采集

本项目的数据采集基于一个 3D 相机设备 ZIVID TWO（见图 10-28），ZIVID TWO 传感器采用的三维技术方案是时光编码结构，光图像分辨率是 1 944×1 200（2.3 MP），采集时间 80 ms～1 s。时间编码结构光系统在设计上类似于常规结构光系统，该系统有一个与场景成一定角度的高强度投影仪，并且相机正对场景。与其他技术相比，该技术的精确度和准确度最高可提高 100 倍。ZIVID TWO 相机与深度学习、人工智能和目标探测算法等相结合，赋予机器人更多可以识别的对象。

图 10-28　ZIVID TWO 相机

采集平台是一个智能巡检机器人（见图 10-29），通过自动识别定位到地铁车底指定区域，然后通过搭载的机械臂上的三维相机，采集闸瓦部件的数据并传回后台进行实时处理。相机的成像原理是结构光，可以生成高精度的点云数据（X、Y、Z）和高质量颜色信息（RGB）的 ZDF 格式数据。本项目数据通过 3D 相机从实际列车转向架各部件采集得到，得到的原始数据为 3D 格式，通过相机配套软件进行转换后得到 jpg 格式的二维图像。

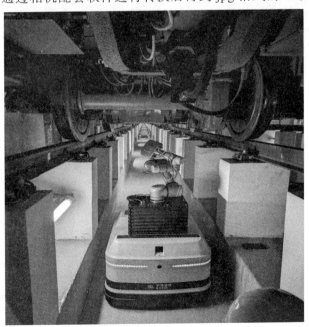

图 10-29　数据采集系统

10.3.3 数据处理

在深度学习网络训练中，模型的样本越充足训练出来的网络模型泛化性越强，鲁棒性越高。由于原始数据量不足，通过使用数据增强的方法将数据量增大到 5～10 倍。本项目使用以下数据增强方法：

（1）几何变换，包括平移、翻转、旋转、裁剪、缩放等。

（2）对比度变换。

（3）亮度变换。

增加训练的数据量，可以提高模型的泛化能力，增加噪声数据，提升模型的鲁棒性。数据增强一定程度上能解决过拟合问题。原始图像和增强图像的对比如图 10-30 与图 10-31 所示。

Labelme 是一款经典的标注工具，支持目标检测、语义分割、实例分割等任务。在项目中使用该工具针对分割任务进行数据标注，将 json 和 jpg 放在同一路径下。Labelme 与其他 Python 模块一样，需要先加载到环境中才能使用。Labelme 制作数据集如图 10-32 所示。

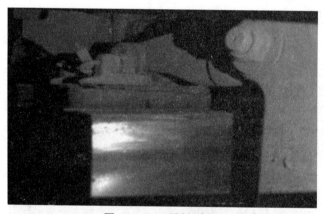

图 10-30　原始图像

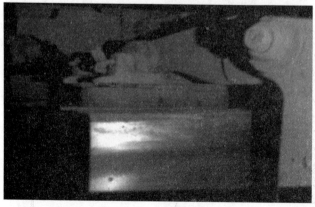

图 10-31　增强图像

图 10-32 Labelme 制作数据集

10.3.4 分割网络训练与测试

一般的分割存在两个挑战：一个是分辨率的下降（由下采样导致），常常采用空洞卷积来代替池化解决，效果不错；另一个是存在多个尺度的物体，需要多尺度特征图融合。图像分割采用 DeepLabV3 网络，该网络重新讨论空洞卷积的使用，在级联模块和空间金字塔池化的框架下，能够获取更大的感受野，从而获取多尺度信息。改进 ASPP（Atrous Spatial Pyramid Pooling，空洞空间卷积池化金字塔）模块，由不同采样率的空洞卷积和 BN 层组成，尝试以级联或并行的方式布局模块。当使用大采样率 3×3 的空洞卷积，因为图像边界响应无法捕捉远程信息，会退化为 1×1 的卷积，将图像级特征融合到 ASPP 模块中。语义分割模块如图 10-33 所示。

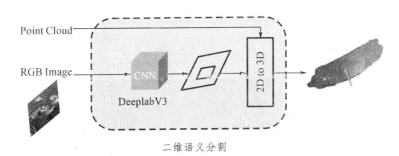

图 10-33 语义分割模块

在制作好数据集之后，配置好训练环境进行训练。要训练自己数据集，要修改几个配置，包括将自己数据集添加进去，然后在 dataloaders/datasets 路径下创建自己的数据集等。训练相关数据与参数如表 10-3 所示。

表 10-3　训练相关数据与参数

参数/配置	值
系统	Windows
GPU	NVIDIA RTX1060 6g
CUDA	10.2
CUDNN	8. 1 for cu10.2
Python	3.7
Torch	1. 10.0+cu10.2
OpenCV-Python	4.5.4
训练集数量	700
测试集数量	50
epochs	100
模型规格	DeeplabV3
Batch-Size	8

训练损失如图 10-34 所示，语义分割测试结果如图 10-35 所示。

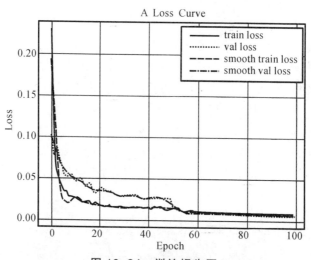

图 10-34　训练损失图

图 10-35　语义分割测试结果

10.3.5 闸瓦磨损检测算法总体设计

为提高地铁故障检修的自动化和智能化水平，针对闸瓦磨损检测任务中背景复杂等难点，克服环境背景干扰，该算法结合二维语义分割和三维点云处理实现闸瓦磨损参数的高精度检测。整个算法分为两部分：通过深度学习强大的拟合能力学习闸瓦特征，完成比较精细的图像分割；测量算法依赖 PCL 点云库开发，根据闸瓦构造的特点设计特定的检测方法。算法整体流程图如图 10-36 所示。

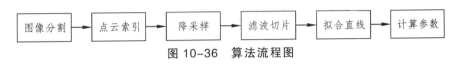

图 10-36 算法流程图

利用 ZIVID 有序点云的特性将二维语义分割的结果映射到三维点云中。ZIVID 输出的是结构点云，这意味着点云被放置为类似于图像结构的 2D 点阵列。每个点均包含了 *XYZ* 数据以及 RGB 值，有序点云在 2D 图像（颜色和深度）中的像素与点云中的 3D 点之间具有 1∶1 的相关性。这意味着图像中的相邻像素是点云中的相邻点。这使得 2D 操作和算法能够应用于 2D 图像，而结果可以直接应用于点云。例如，对物体的检测和分割，可以从 2D 图像并直接从所需像素中提取 3D 信息。

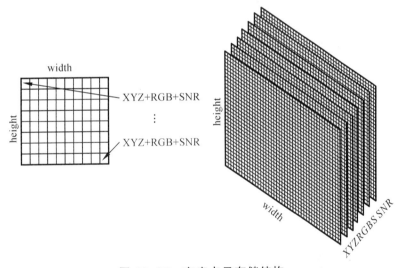

图 10-37 有序点云存储结构

分割网络模型对该图片进行推理，获取到所有属于目标像素点(x，y)坐标索引；根据索引在 ZDF 文件中读到所对应的点云信息，创建生成一个新的 PCD 格式点云，如图 10-38 所示。

PCL（The Point Cloud Library，点云库）是一个用于 2D/3D 图像和点云处理的大型的开源项目。PCL 框架由许多先进算法构成，包括滤波、特征估计、表面重构、配准、模型拼合和分割等。

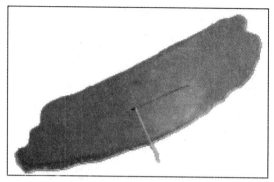

图 10-38　闸瓦点云

磨损测量步骤如下：

1. 预处理

原始数据的点云密集，点云数量对处理速度的影响非常大，而且密集的点云在处理中有冗余。为了提升处理速度，对点云进行下采样，将数量从五万减少到五千以下，但是下采样的参数不宜过大，保留的点云过少会造成信息特征的丢失，从而影响后续的测量和检测精度。

2. 边缘检测

在点云的边界特征检测方面，PCL 中有一个针对点云边界检测的 AC 算法。这种方法的思路非常简单，但是却非常有效，而往往流传下来的经典方法都是这种简单有效的方法。利用 AC 边缘检测算法提取闸瓦点云的边缘部分，如图 10-39 所示。

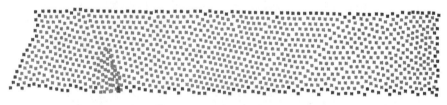

图 10-39　点云边缘检测

3. 滤波切片

质心指的是质量的中心，认为是物体质量集中于此点的假想点。通常物体的质心坐标 P_c 计算公式如下：

$$P_c = \frac{1}{M} \sum_{n}^{i=0} m_i r_i \tag{10.5}$$

$$\sum_{n}^{i=0} m_i (P_c - r_i) = 0 \tag{10.6}$$

点云也存在质心这个概念，在计算三维点云质心时，令上式中 $m_i = 1$，即单位重量。可

以知道，点云中各个点相对于质心的距离和为 0。$m_i = 1$ 时得到点云质心坐标计算公式可简化为

$$P_c = \frac{1}{n}(\sum_{i=0}^{n} x_i, \sum_{i=0}^{n} y_i, \sum_{i=0}^{n} z_i) \qquad (10.7)$$

计算闸瓦的 ABB 最小包围框，在质心位置进行切片，将质心横向方向 3 mm 的点云进行保留，其余全部滤掉，目的是可以更精确地求出厚度。

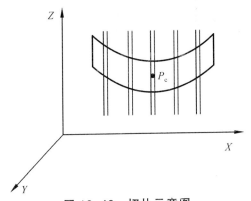

图 10-40　切片示意图

4. 欧式聚类

通过基于欧式距离提取集群的方法，仅依据距离将小于距离阈值的点云作为一个集群，可以分为两个聚类，如图 10-41 所示。

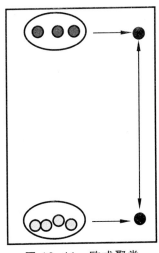

图 10-41　欧式聚类

5. 计算厚度

计算两个聚类的拟合点，就是计算 X、Y、Z 的平均值，然后计算这两个点之间的欧式距离就是所求的闸瓦厚度，最后判断闸瓦厚度是否低于阈值，如图 10-42 所示。

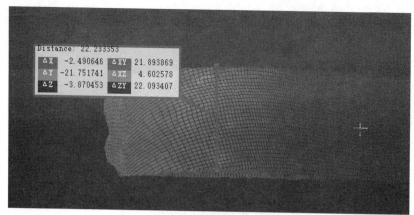

图 10-42　测量结果示意图

10.3.6　总结与展望

本节设计的闸瓦磨损测量方式，通过非常直观的数学公式推导出最后的结果，使得检测结果更加精确。一是依靠高精度的采集相机，二是通过算法的补偿，在大量的数据测试下，计算结果与真实值的误差在 0.5 mm 以内，完全能够满足磨损测量的精度，在实时性算法检测方面也具有优异的表现。算法细化了闸瓦的磨损检测能够给地铁行车安全提供强有力保障，可以根据历史数据变化趋势预知闸瓦的健康状况，保证刹车的可靠性，有利于实现了对列车检修的自动化与智能化，为列车安全运行提供了保障，同时节省了人力和提高效率。

本次实验主要研究内容与结果如下：
（1）结合传统点云处理和深度学习算法进行处理。
（2）细化了闸瓦磨损程度，误差小于 0.5 mm。
（3）通过对闸瓦的点云进行切片，提升了算法鲁棒性。
本次实验在未来的学习研究中进一步研究：
（1）优化模型与算法，提升检测速度与精度。
（2）将这个思想拓展到更多地铁关键零部件的测量。

第五部分

轨道交通智能化实战项目

11 拓展学习一 接触网吊弦缺陷识别

11.1 项目背景及目标

铁路技术发展到现代电气化铁路之后，车辆需从铁轨沿线的供电网络获取电力，继而驱动电机产生驱使车辆运动的牵引动力。我国的电气化铁路主要使用接触网连接，易受环境因素的影响，如果发生故障，将给铁路运输系统造成巨大的经济损失。在机车受电弓-接触网构成的系统中，吊弦是链形悬挂接触网中承力索和接触线之间的重要连接部件，其作用是通过吊弦线夹，将接触线悬挂到承力索上，以确保接触网的高度和弛度，并承载一定力的作用。吊弦因长时间受力拉伸、震动、摩擦磨损与受环境腐蚀较易发生故障，其状态是否正常关系着高速列车的取流质量，尤其当吊弦发生松动、断裂或脱落缺陷时，极易打坏受电弓，同时还加剧了相关元器件以及接触导线的磨损，甚至引发弓网事故，危及行车安全。因此对吊弦状态的辨识成为亟待解决的问题，而人工巡检定位吊弦故障过于复杂，效率较低，人力资源耗费大。与此同时，深度学习、计算机视觉等技术日益成熟，为保证高速列车的安全稳定运行，铁路线路中大量的接触网吊弦工作状态需要智能化的精确辨识。

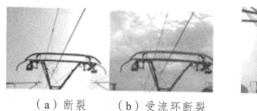

（a）断裂　（b）受流环断裂　　（c）松脱　　（d）C型松脱

图 11-1　吊弦数据样例

本项目目标是，以既有接触网吊弦图像及其状态标注数据集为基础，针对吊弦对象的外形特征，设计和编码实现适当的状态辨识算法，优化识别算法参数和性能，实现对接触网吊弦松脱和断裂等缺陷的准确识别。

11.2 数据采集和预处理

11.2.1 数据采集

本项目无须采集数据。

11.2.2 数据预处理

由于本图像数据集中图片可能大小不一，需自行编写程序，将图像缩放为规范的尺寸。

在本实训项目中，对图像尺寸标准化的具体方式不做固定要求，即所需标准图像的尺寸由实训参与者自行决定。

11.3 模型和算法设计

本实训项目为综合性训练，因此对实现设计目标所采用的算法不做限定，由实训参与者自行决定所需方法和处理流程。但需注意，若采用人工提取特征，那么需在报告中说明特征类型及提取方式，以及特征提取算法的详细过程与参数设置。若采用深度学习方式自动获取特征，则应说明特征表达的尺寸和特征等重要超参数。

11.4 模型参数优化

本实训项目为综合性训练，因此对模型参数优化方式不做限定，由实训参与者自行决定所需方法和超参数。

需注意，若手动调节和优化参数，则需说明手工设置参数的依据和原理；若采用深度学习自动学习参数，则需说明包括优化器的参数设置、批处理的尺寸以及学习速率等。模型参数及其调节过程虽然由使用者自行决定，但应在报告中给予清晰说明。

11.5 测试与验证

在实训实施阶段，本实现结果的测试数据集由教师保管，并不给出。

在实训的结束阶段，本实训结果的验证数据在实训项目提交时由教师给出，并现场测试结果。

11.6 实训展望

本实训除了完成相应的设计和编码任务，还需以小组为单位，撰写实训报告一份。实训报告的格式和撰写方式应参考相关学术论文。

本实验是典型的工业现场故障监测问题，同时本问题也属于小目标状态识别的学术性问题。通过开展本项目实训，可以建立复杂工程问题及其解决方案的基础认识；通过撰写实训报告，可以培养工程师思维和基础素养。实训中涌现的优秀的模型和算法设计，具有广阔的探索空间和应用价值。

12 拓展学习二 车载视频的曝光质量分析

12.1 项目背景及目标

铁路运输具有规模大、承载能力强、运行成本低、能耗高效的特点，是我国的支柱性综合交通系统。在电气化铁路中，需要对接触网和受电弓进行持续的视频监视，但由于铁路运营环境复杂，地质和气候条件多变，在强逆光或大范围遮挡等情况下，接触网监控视频图像往往呈现曝光过度或不足的问题。对于这样的不正常曝光的图像，图像信息是不完整的。具体而言，图像采集的 A/D 转换过程进入了饱和区间，而导致不可逆转的信息损失，这势必导致后继的受电弓-接触网检测算法失效，无法辨别诸如吊弦断裂等故障（因为强逆光条件下，正常的吊弦也看起来像是不连续的）。因此，对车载视频的曝光质量进行分析，排除曝光过度和不足的图像，可以有效保障智能筛查任务开展，保障铁路运营安全。

在这样的背景下，针对车载视频的光质量进行深入的分析和优化变得至关重要。曝光过度和不足的图像会严重干扰后续的监视和检测任务，如受电弓-接触网检测算法。这些算法依赖高质量的图像数据，以识别出潜在的故障，如吊弦断裂等。然而在强逆光条件下，正常的吊弦可能会呈现出不连续的外观，从而误导检测算法，使其难以准确识别实际的故障情况。

因此，项目的背景是建立在确保电气化铁路系统运行安全和高效的基础之上。通过对车载视频的光质量进行分析，排除曝光过度和不足的图像，可以消除信息失真，保障智能筛查任务的可靠开展。这不仅有助于提高监测算法的准确性，使其能够更准确地检测出真实的故障情况。这项工作在维护铁路运营的可靠性和安全性方面具有重要意义，将为电气化铁路系统的可持续发展提供有力支持。

本项目目标是，以既有受电弓-接触网的监测图像为基础，针对曝光异常图像的显著特征，设计和编码实现适当的曝光状态辨识算法，优化识别算法参数和性能，实现对受电弓-接触网监测图像曝光异常的准确识别。

12.2 数据采集和预处理

12.2.1 数据采集

本项目无须采集数据。

12.2.2 数据预处理

由于本图像数据集中图片可能大小不一，需自行编写程序，将图像缩放为规范的尺寸。

在本实训项目中，对图像尺寸标准化的具体方式不做固定要求，即所需标准图像的尺寸由实训参与者自行决定。

12.3 模型和算法设计

本实训项目为综合性训练，因此对实现设计目标所采用的算法不做限定，由实训参与者自行决定所需方法和处理流程。但需注意，若采用人工提取特征，那么需在报告中说明特征类型及提取方式，以及特征提取算法的详细过程与参数设置。若采用深度学习方式自动获取特征，则应说明特征表达的尺寸和特征等重要超参数。

12.4 模型参数优化

本实训项目为综合性训练，因此对模型参数优化方式不做限定，由实训参与者自行决定所需方法和超参数。需注意，若手动调节和优化参数，则需说明手工设置参数的依据和原理；若采用深度学习自动学习参数，则需说明包括优化器的参数设置、批处理的尺寸以及学习速率等。模型参数及其调节过程虽然由使用者自行决定，但应在报告中给予清晰说明。

12.5 测试与验证

在实训实施阶段，本实现结果的测试数据集由教师保管，并不给出。

在实训的结束阶段，本实训结果的验证数据在实训项目提交时由教师给出，并现场测试结果。

12.6 实训展望

本实训除了完成相应的设计和编码任务，还需以小组为单位，撰写实训报告一份。实训报告的格式和撰写方式应参考相关学术论文。

本实验是典型的工业现场数据监测应用问题，同时本问题也属于成像质量分析的技术问题。通过开展本项目实训，可以建立复杂工程问题及其解决方案的基础认识；通过撰写实训报告，可以培养工程师思维和基础素养。实训中涌现的优秀的模型和算法设计，具有广阔的探索空间。

参考文献

[1] Yang J, Yu K, Gong Y, et al. Linear spatial pyramid matching using sparse coding for image classification[C]//2009 IEEE conference on computer vision and pattern recognition. IEEE,2009:1794-1801.

[2] Hinton G E, Salakhutdinov R R. Reducing the dimensionality of data with neural networks[J].science, 2006, 313(5786): 504-507.

[3] Bengio Y, Ducharme R, Vincent P. A neural probabilistic language model[J]. Advances in neural information processing systems, 2003, 13.

[4] Collobert R, Weston J, Bottou L, et al. Natural language processing(almost) from scratch[J]. Journal of machine learning research, 2011, 12(ARTICLE): 2493-2537.

[5] Mikolov T, Deoras A, Kombrink S, et al. Empirical Evaluation and Combination of Advanced Language Modeling Techniques[C]//Interspeech. 2011(51): 605-608.

[6] Schwenk H, Rousseau A, Attik M. Large, pruned or continuous space language models on a GPU for statistical machine translation[C]//Proceedings of the N-gram Model on the Future of Language Modeling for HLT. 2012:11-19.

[7] Vincent P, Larochelle H, Bengio Y, et al. Extracting and composing robust features with denoising autoencoders[C]//Proceedings of the 25th international conference on machine learning. 2008:1096-1103.

[8] Rifai S, Vincent P, Muller X, et al. Contractive auto-encoders:Explicit invariance during feature extraction[C]//Proceedings of the 28th international conference on international conference on machine learning. 2011:833-840.

[9] Hinton G E. Training products of experts by minimizing contrastive divergence[J]. Neural computation, 2002,14(8): 1771-1800.

[10] Parallel distributed processing: Exploration in the microstructure of congnition. Vol. 1: Foundations[M]. MIT press, 1986.

[11] Lecun Y, Bottou L, Bengio Y, et al. Gradient-based learning applied to document recognition[J]. Proceeding of the IEEE,1998,86(11):2278-2324.

[12] Hinton G E, Srivastara N, Kvizhevsky A, et al. Improving neural networks by preventing co-adaptation of feature detectors[J]. arXiv preprint arXiv:1207.0580, 2012.

[13] Wan L, Zeiler M, Zhang S, et al. Regularization of netural networks using

dropconnect[C]//International conference on machine learning, PMLR, 2013:1058-1066.

[14] Chen T, Du Z, Sun N, et al. Diannao: A small-footprint high-throughput accelerator for ubiquitous machine-learning[J]. ACM SIGARCH Computer Architecture News, 2014,42(1): 269-284.

[15] Chen Y, Luo T, Liu S, et al. Dadiannao: A machine-learning supercomputer[C]//2014 47th Annual IEEE/ACM International Symposium on Microarchitecture. IEEE, 2014:609-622.

[16] Liu D, Chen T, Liu S, et al. Pudiannao: A polyyalent machine learning accelerator[J].ACM SIGARCH Computer Architecture News, 2015, 43(1): 369-381.

[17] Du Z, Fasthuber R, Chen T, et al. ShiDianNao: Shifting vision processing closer to the sensor[C]//Proceedings of the 42nd Annual International Symposium on Computer Architecture. 2015: 92-104.

[18] Zhang S, Du Z, Zhang L, et al. cambricon-X: An accelerator for sparse neural networks[C]//2016 49th Annual IEEE/ACM International Symposium on Microarchitecture(MICRO). IEEE,2016:1-12.

[19] Huang G, Liu Z, Van Der Maaten L, etal. Densely connected convolutional networks[C]// Proceedings of the IEEE conference on computer vision and pattern recognition. 2017: 4700-4708.

[20] Simonyan K, Zisserman A. Very Deep Convolutional Networks for Large-Scale Image Recognition[J]. Computer Science, 2014.

[21] He K, Zhang X, Ren S, etal. Deep Residual Learning for Image Recognition[C]// 2016 IEEE Conference on Computer Vision and Pattern Recognition (CVPR). IEEE, 2016.

[22] Szegedy C, Liu W, Jia Y, etal. Going deeper with convolutions[C]// Proceedings of the IEEE conference on computer vision and pattern recognition. 2015: 1-9.

[23] Chollet F. Xception: Deep learning with depth wise separable convolutions[C]// Proceedings of the IEEE conference on computer vision and pattern recognition. 2017: 1251-1258.

[24] Szegedy C, Vanhoucke V, Ioffe S, etal. Rethinking the inception architecture for computer vision[C]// Proceedings of the IEEE conference on computer vision and pattern recognition. 2016: 2818-2826.

[25] Szegedy C, Ioffe S, Vanhoucke V, etal. Inception-v4, inception-resnet and the impact of residual connections on learning[C]// Thirty-first AAAI conference on artificial intelligence. 2017.

[26] Zoph B, Le Q V. Neural architecture search with reinforcement learning[J]. CoRR, 2016, abs/1611.01578.

[27] Tan M, Le Q. Efficientnet: Rethinking model scaling for convolutional neural networks[C]// International conference on machine learning. PMLR, 2019: 6105-6114.

[28] 廖星宇. 深度学习入门之 PyTorch[M]. 电子工业出版社, 2017.

[29] Firdaus-Nawi M, Noraini O, Sabri M Y, etal. Deep Labv3+: Encoder-decoder with atrous separable convolution for semantic image segmentation[J]. Pertanika J. Trop. Agric. Sci, 2011, 34（1）: 137-143.

[30] Redmon J, Divvala S, Girshick R, et al. You only look once: Unified, real-time object detection[C]//2016 IEEE Conference on Computer Vision and Pattern Recognition. IEEE, 2016: 779-788.

[31] 张慧, 王坤峰, 王飞跃. 深度学习在目标视觉检测中的应用进展与展望[J]. 自动化学报, 2017, 43（8）: 1289-1305.

[32] Schroff F, Kalenichenko D, Philbin J. Facenet: Aunified embedding for face recognition and clustering[C]// Proceedings of the IEEE conference on computer vision and pattern recognition. 2015: 815-823.

[33] Qin X, Zhang Z, Huang C, etal. U2-Net: Going deeper with nestedU-structure for salient object detection[J]. Pattern Recognition, 2020, 106:107404.

[34] Park T, Liu M Y, Wang T C, etal. Semantic Image Synthesis with Spatially-Adaptive Normalization[J]. 2019.

[35] Ioffe S, Szegedy C. Batch Normalization: Accelerating Deep Network Training by Reducing Internal Covariate Shift[J]. CoRR, 2015, abc/1502.03167.

[36] Lecun Y, Bengio Y, Hinton G. Deep Learning[J]. Nature.2015, 521(7753): 436-444.

[37] Yi J, Yoon S. Patch SVDD: Patch-level svdd for anomaly detection and segmentation[C]// Proceedings of the Asian Conference on Computer Vision. 2020.

[38] Ruff L, Vandermeulen R, Goernitz N, etal. Deepone-class classification[C]//International conference on machine learning. PMLR, 2018: 4393-4402.

[39] Doersch C, Gupta A, Efros A A. Unsupervised Visual Representation Learning by Context Prediction[J]. IEEE Computer Society, 2015.

[40] Yu Z, Zhao C, Wang Z, etal. Searching Central Difference Convolutional Networks for Face Anti-Spoofing[J]. 2020.

[41] Akcay S, Atapour-Abarghouei A, Breckon T P, G A Nomaly: Semi Supervised Anomaly Detection via Adversarial Training, Computer Vision CACCV 2018, ACCV 2018. Lecture Notesin Computer Science, vol 11363.

[42] Liu F T, Ting K M, Zhou Z H. Isolation Forest, 2008 Eighth IEEE International Conference on Data Mining, Pisa, Italy, 2008: 413-422.

[43] Creswell A, White T, Dumoulin V, et al. Generative adversarial networks: An overview[J]. IEEE signal processing magazine, 2018, 35（1）: 53-65.

[44] Liu D S, Liu P P, Wang G. A fasthuman detection based on Histograms of Oriented Gradient, Electronic Design Engineering, 2012, 20（11）: 190-192.

[45] Shlens J. A Tutorial on Principal Component Analysis, International Journal of Remote Sensing, 2014, 51（2）.

[46] Chen L C, Papandreou G, Schroff F, et al. Rethinking Atrous Convolution for Semantic Image Segmentation. https://doi.org/10.48550/arxiv.1706.05587.

[47] Fischler M A, Bolles R C. Random Sample Consensus: A Paradigm for Model Fitting with Applications To Image Analysis and Automated Cartography[J]. Communications of the ACM, 1981, 24（6）: 381-395.